Böhlau

Grüne Reihe des Lebensministeriums

Herausgegeben vom

Bundesministerium für Land- und Forstwirtschaft,
Umwelt und Wasserwirtschaft, Wien

Band 18

Lehrpfade – Natur und Kultur auf dem Weg

Lehrpfade, Erlebnis- und Themenwege in Österreich

von Renate Eder und
Arne Arnberger

Institut für Landschaftsentwicklung, Erholungs- und Naturschutzplanung
Universität für Bodenkultur Wien

mit einem Beitrag von
Christiane Brandenburg

Böhlau Verlag Wien · Köln · Weimar

Gedruckt mit Unterstützung durch
die Niederösterreichische Landesregierung und
das Magistrat der Stadt Wien, MA 7 –
Kultur-, Wissenschafts-, und Forschungsförderung

Das Lehrpfade-Portal des Lebensministeriums kann über
http://lehrpfade.lebensministerium.at betreten werden

Bibliografische Information der Deutschen Bibliothek.
Die Deutsche Bibliothek verzeichnet diese Publikation
in der Deutschen Nationalbibliografie; detaillierte
bibliografische Daten sind im Internet über
http://dnb.ddb.de abrufbar.

ISBN 978-3-205-77591-1

http://www.boehlau.at
http://www.boehlau.de

Gedruckt auf umweltfreundlichem, chlor- und säurefreiem Papier.
Druck: Imprint, Slowenien

Danksagung:
Herzlich bedanken möchten wir uns
bei Dr. Ruth Wallner, Abteilung für Öffentlichkeitsarbeit des Lebensministeriums,
für die Betreuung und das Lektorat des Buches,
bei Dr. Christiane Brandenburg für fachliche Anregungen sowie
für das Verfassen des Kapitels 8.2 Haftungsrechtliche Aspekte,
bei DI Michaela Sterl, DI Christine Rumetshofer,
DI Thomas Meitz, DI Sonja Brothanek und DI Manuela Nowacek
für die Erhebung ausgewählter Lehrpfade,
bei DI Petra Sterl und Regina Eder für das Lektorat des Buches,
beim Forstamt der Stadt Wien, Magistratsabteilung 49,

StaDt+Wien
Wien ist anders.

der Gemeinde Leobendorf (Niederösterreich)

und
der Raiffeisenlandesbank NÖ-Wien AG für ihre finanzielle Unterstützung.

Raiffeisenlandesbank
Niederösterreich-Wien

Inhalt

← zum Thema Exkursion in Mail!

1. Auf den Pfaden von Natur und Kultur

1.1 Lehrpfade in Österreich – Vielfalt auf dem Weg

Wer auf den Pfaden von Natur und Kultur wandert, dem eröffnet sich Österreich aus den verschiedensten Blickwinkeln. Die Lehrpfade, Themen- und Erlebniswege[1] beschreiben eine Vielzahl an kulturgeschichtlichen und naturbezogenen Themen in den unterschiedlichsten Regionen und Landschaften Österreichs. Sie führen zu wildromantischen Schluchten und tosenden Wasserfällen, einsamen Orten und geschäftigen Städten, entlang der Ufer von tiefblauen Gebirgsseen und majestätischen Flüssen, auf blühende Obstwiesen, durch dunkle Wälder bis über die Baumwipfel. Sie bringen die Besucher von den ebenen Ackerbaulandschaften und Sanddünen des Ostens über idyllische Almen und majestätische Berge des Westens bis zu den Sternen. Sie folgen den Spuren der Urzeit bis heute und deuten die Zukunft, vermitteln Naturerlebnisse und erklären ökologische Zusammenhänge. Sie erzählen aber auch von den Problemen und Bedürfnissen der Menschen von früher und heute, stellen Berufsgruppen vor und liefern Beiträge zu einer gesünderen Lebensweise.

Enge Gletschersteige belohnen nach mühseligem Aufstieg mit grandiosen Ausblicken und informieren über Klimawandel und Gletscherrückzug. Andere Lehrpfade führen auf Asphalt durch Dorf und Stadt und berichten über Maler oder historische Bauten. Ein einsamer Lehrpfad im stillen und dunklen Böhmerwald folgt den Spuren von Adalbert Stifter, ein anderer ist von tausenden Menschen bevölkert. Hier balancieren, rutschen, raten und verkosten Familien mit Genuss Speisen aus regionalen Produkten im Lehrpfad-Gasthaus.

Lehrpfade lassen ihre Besucher das Leben und die ökologischen Zusammenhänge im Schilfgürtel, im Teich, im Hochgebirge, in der Hecke und auf der Wiese entdecken. Sie erfahren, warum eine Spinne nicht in ihrem eigenen Netz hängen bleibt, dass Totholz voller Leben ist, welche Tiere das Baumtelefon nutzen und wie sich der schwarzgefleckte Bläuling mit den Ameisen arrangiert. Aber auch Informationen, wie das Knabenkraut zu seinem Namen kam, aus welchem Stein Österreichs höchster Berg aufgebaut ist, wie ein Vulkan entsteht und was Lagune und Hochgebirge gemeinsam haben, bleiben kein Geheimnis.

Lehrpfade führen die Besucher durch blühende Mohnfelder, wogendes Getreide und bunte Weingärten und berichten über die teils mühselige Entstehung der Kulturlandschaft. Geschichtsträchtige Wege leiten auf die Spuren des weißen, schwarzen oder gelben Goldes. Interessierte erkunden verwunschene Täler, sagenumwobene Schlösser, mystische Plätze, beeindruckende Industriedenkmäler und verfallene Burgen und erfahren von den menschlichen Schicksalen, die mit diesen Orten verbunden sind. In ihren Beschreibungen werden Kelten, Germanen, Römer, Indianer, Knappen, Ritter und Hexen, aber auch Bergleute, Jäger, Flößer, Pecher, Töpfer, Müller und Glasbläser wieder lebendig. Die Informationstafeln erzählen über die Lebensstationen von Siegern und Besiegten, Wallfahrern, Philosophen, Schriftstellern, Komponisten, Musikern, Malern, Erfindern und Ingenieuren.

Sie informieren aber auch darüber, wie mit Kräutern gekocht und geheilt wird, und dass die Alm eigentlich eine Apotheke ist. Hobbywinzer produzieren ihren Jahrhundertwein, andere lernen, wie Torf gestochen wird und Honig entsteht. Besucher verfolgen den Weg vom Schaf bis zum Pantoffel, erfahren, dass die Birke der Superkleber der Urzeit war, und was Sauerkraut und Feldahorn gemeinsam haben. Tafeln raten, den original Pinzgauer Kasnock'n sicherheitshalber zugedeckt zu halten, und erzählen, warum der rote Igel am Brahmsweg die Richtung zeigt.

Lehrpfade animieren aber auch, über sich selbst nachzudenken, sportlich aktiv zu sein, und erklären, was passiert, wenn der Kopf in einem Summstein steckt. Sie helfen den eigenen Körper kennenzulernen, ihn zu fördern, aber auch herauszufordern, und vermitteln Kraft und neues Lebensgefühl.

Susa das Wildschwein, Poldi der Frosch, Ossi der Waldkauz, Kali der Dinosaurier und Lori die Linde erzählen Kindern von Besonderheiten der Tiere und Pflanzen. Die kleinen Forscher ziehen erstaunt (und vergeblich) an Holzraupen, um zu überprüfen, was Ameisen nicht alles schleppen können, balancieren über Hängebrücken, erkunden Weiden-, Eulen- und Schlaue-Fuchs-Labyrinthe und folgen den Spuren von Bär, Eichhörnchen und Reh. Sie lernen wie eine Eule zu schauen und lassen ausgelegte Märchenbücher Geschichten erzählen.

Kleine und große Neugierige betätigen die Tasten und Knöpfe an den Stationen, drehen an Rädern oder suchen die Lösung unter der Klapptafel. Durch Drücken eines Hebels entströmt der Duft von Thymian, Flieder, Orchideen oder Kaffee. Kinder wie Erwachsene lauschen gespannt den Stimmen der Natur, dem Gesang der Tannenmeise und des Warzenbeißers, dem Quaken der Frösche und den lauten Brunftschreien der Hirsche und können sogar mit den Wölfen heulen. Sie springen mit den Tieren um die Wette, be-greifen ausgestellte Holzstücke und Steine und betrachten respektvoll den Waldameisenhaufen, da sie von der Bedeutung der Ameisen für das Ökosystem Wald gelesen haben. Sie bewundern etwas ängstlich, aber aus nächster Nähe das Innenleben eines Bienenstockes und staunen über die hohe Zahl an Blüten, die eine Biene täglich besucht.

Erschöpft von so viel Information und Erlebnissen lassen sich die Besucher auf angebotenen Liegen und Schaukeln nieder und beobachten das Baumdach und den Himmel, betrachten von einer Bank die grandiose Bergkulisse oder genießen auf einer Alm nicht nur die landschaftlichen, sondern auch die kulinarischen Leckerbissen.

Lehrpfade liefern somit Ein- und Ausblicke in die Natur- und Kulturlandschaften Österreichs, vermitteln Erlebnisse, Spaß und Informationen. Sie bringen die Besucher der Natur, der Kulturgeschichte, aber auch sich selbst ein Stück näher.

Foto 1.1: Lehrpfade führen die Besucher von den weiten Ebenen des Ostens …
Schilflehrpfad Purbach (Burgenland)

Foto 1.2: … durch knorrige Wälder … Glocknerspur Bergedenken (Tirol)

Foto 1.3: … bis über die Wipfel der Bäume … Baumkronenweg Kopfing (Oberösterreich)

Foto 1.4: … über Almen … Panoramaweg Leben am Steilhang (Tirol)

Foto 1.5: ... mit grandiosen Ausblicken in die Berge ... Piller Moor (Tirol)

Foto 1.6: ... bis hin zu den Sternen ... Planetenweg Himmel auf Erden (Steiermark)

Foto 1.7: ... und wieder zurück zur Erde. Barfußweg Wenigzell (Steiermark).

Foto 1.8: Lehrpfade führen vorbei an unheimlichen Gestalten ... Weinlehrpfad Retz (NÖ)

Foto 1.9: ... zu heimlichen Orten. Weg der Sinne (Tirol).

Foto 1.10: Weite Ausblicke und tiefe Einblicke – Auf den Spuren des eigenen Ichs am Weg der Elemente im Nationalpark Nockberge (Kärnten).

Foto 1.11: Lehrpfade sind ein Beitrag für die Gesundheit. Kneippstation am Wasserlehrpfad in Buchenberg (Niederösterreich).

Foto 1.12: Welche Stimme gehört zu welchem Tier? Ossi der Waldkauz im Natur- und Wildpark Buchenberg (Niederösterreich) zeigt, ob die Antwort richtig ist.

Foto 1.13: Schaue, rieche, entdecke, frage und lese! Station mit sensorischen und interaktiven Installationen am Kelten.Baum.Weg St. Georgen i. Attergau (Oberösterreich).

Foto 1.14: Gemeinsam erleben und genießen. Natur- und Wildpark Buchenberg (Niederösterreich).

Foto 1.15: War das ein Kelte? Kelten.Baum.Weg St. Georgen i. Attergau (Oberösterreich).

Foto 1.16: Familien auf den Spuren der Natur am Waldlehrpfad Lainzer Tiergarten (Wien).

1.2 Der Weg durch das Buch

Zahlreiche Lehrpfade rufen uns die Vielfalt an Natur und Kultur in Österreich ins Gedächtnis. Vor allem die Pfade der neuen Generation sind Einrichtungen, die Information, Erlebnis, Unterhaltung, Erholung und Landschaftsgenuss für Jung und Alt bieten. Die Fülle an Themen und die unterschiedlichen Herangehensweisen diese zu präsentieren will dieses Buch aufzeigen, aber auch praktische Tipps zur Gestaltung der Lehrpfade geben. Es unterstützt Planer und künftige Betreiber bei der Themenfindung, Konzeption und Umsetzung, beim Marketing und bei der Erfolgskontrolle ihres Pfades. Betreiber bestehender Lehrpfade erhalten Anregungen für Verbesserungen hinsichtlich der Erlebnisgestaltung, Informationsvermittlung und der Erholungsinfrastruktur sowie Ideen für mögliche Adaptierungen ihres Lehrpfades. Doch auch Besucher finden hier eine Reihe spannender und interessanter Ausflugsziele.

Welche Themen behandelt das Buch?

Kapitel 2 rollt die Lehrpfadentwicklung der letzten acht Jahrzehnte auf internationaler wie nationaler Ebene auf. Im Kapitel 3 werden die verschiedenen Lehrpfadtypen und die Medien, die zur Gestaltung von Lehrpfaden eingesetzt werden können, beschrieben. Künftige Lehrpfadbetreiber informieren sich hier über die richtige „Etikettierung“ ihres Lehrpfades.

Ein in der Literatur über Lehrpfade bisher vernachlässigtes Thema sind ihre Besucher. Besucherzahlen und Besucherstrukturen sind jedoch grundlegend für die Planung, das Management und die Erfolgskontrolle von Lehrpfaden. Kapitel 4 gibt hier einen ersten Überblick.

Weiters wird erstmals seit 1987 (Parz-Gollner 1987) ein Überblick über die Lehrpfadsituation in Österreich gegeben. Bisher gab es nur vereinzelt Aufstellungen über Lehrpfade nach Bundesländern, ein österreichweiter Vergleich des Themenspektrums von bisher umgesetzten Lehrpfaden liegt nicht vor. Kapitel 5 beschreibt die Verteilung der Lehrpfade innerhalb Österreichs, das Spektrum an Themen und Betreibern, die Lehrpfadtypen und die eingesetzten Medien und Vermittlungsformen.

Hauptziel des vorliegenden Buches ist es, die Vielfalt an Themen aufzuzeigen, die bisher in Österreich anhand von Lehrpfaden präsentiert werden. Exemplarisch werden an über 30 ausgesuchten Beispielen die Themenaufarbeitung, die angewendeten Umsetzungs- und Vermittlungsformen, die Erholungsinfrastruktur und die Integration in das touristische Umfeld dokumentiert und analysiert (Kapitel 6). Dabei geht es weder um eine Punktebewertung noch um eine Zertifizierung als Basis für eine Einteilung in gute und schlechte Pfade, sondern um das Darstellen von unterschiedlichen Herangehensweisen und Möglichkeiten für die Umsetzung von Themen.

Viele Lehrpfade präsentieren sich heute als unterhaltsame und spannende Einrichtungen, dennoch gibt es noch immer eine Reihe von Pfaden, die Assoziationen wie „Schilderwald", „endlose Aufzählungen von Tier- und Pflanzennamen", „Irrweg statt Rundweg" oder „Leertafeln statt Lehrtafeln" hervorrufen. Kapitel 7 und 8 beschäftigen sich daher mit Hinweisen zur Errichtung und Pflege von Lehrpfaden. Angesprochen werden die Konzeptionsschritte zur Errichtung eines Lehrpfades, die richtige Standort- und Themenwahl, die Ausgestaltung und das Design der Stationen sowie die richtige Materialwahl, die Wegeführung und die erforderliche Erholungsinfrastruktur. Weitere Themen in diesen Kapiteln sind die Pflege, rechtliche Aspekte und das Marketing von Lehrpfaden.

Der Evaluation von Lehrpfaden wurde bisher eine viel zu geringe Bedeutung beigemessen, obwohl standardisiert durchgeführte Erfolgskontrollen ein äußerst sinnvolles Instrument zur Verbesserung, Effizienzkontrolle und Qualitätssicherung darstellen. Kapitel 9 beschreibt Methoden, die zur Evaluation eingesetzt werden können; Ein Schwerpunkt liegt hier auf der Erfassung von Besucherzahlen und Besucherstrukturen.

Das Kapitel 10 beschäftigt sich mit der Zukunft der Lehrpfade, wobei es gesellschaftliche und technologische Entwicklungen berücksichtigt. Abschließend werden die wichtigsten Faktoren für einen erfolgreichen Lehrpfad zusammengefasst.

Zur Handhabung des Buches

[1] Der Begriff Lehrpfad wird im Buch als „neutraler" und nicht wertender Oberbegriff für alle bis jetzt entwickelten Lehrpfadtypen verwendet. Wird abhängig vom jeweiligen Kontext ein bestimmter Typ gemeint, erfolgt eine Differenzierung in die speziellen Begriffe klassischer Lehrpfad, Naturerlebnispfad, Themenweg, interaktiver Lehrpfad, sensorischer Lehrpfad oder Interpretationspfad (siehe Kapitel 3).

In Hinblick auf eine bessere Lesbarkeit wurde auf eine geschlechtsspezifische Schreibweise verzichtet. Wird die männliche Form verwendet, ist immer auch die weibliche gemeint.

2. Lehrpfade im Wandel der Zeit

2.1 Entwicklung der Lehrpfade

Die Idee zur Errichtung von Lehrpfaden entstand in den USA (Erdmann 1975). Dort hatte der 1925 eröffnete Naturlehrpfad im Palisade Interstate Park das Ziel, Spaziergänger zur Wahrnehmung der Natur zu erziehen. Moderne umweltpädagogische Aspekte wurden bei diesem 1,5 Kilometer langen Rundweg bereits großgeschrieben: Einem erklärenden Informationsteil folgte ein abschließender Wiederholungsteil, bei dem das erworbene Wissen abgefragt werden konnte. Die Aufforderung der Besucher zur Eigenaktivität – die interaktive Vermittlung – wurde demnach bereits vor 80 Jahren als wichtige Komponente für das erfolgreiche Vermitteln von Wissen bewertet. Fünf Jahre später gab es dann den ersten Naturlehrpfad in Deutschland, der die Bevölkerung zum Besuch botanischer und zoologischer Gärten sowie naturkundliche Museen animieren sollte (Erdmann 1975). Aus Österreich liegen aus dieser Zeit keine Informationen über Lehrpfade vor.

Die Anzahl an Lehrpfaden war in Europa bis in die 1960er Jahre eher gering. Erst danach begann mit zunehmendem Wohlstand der Gesellschaft und der steigenden Nutzung des Waldes als Erholungsraum eine vermehrte Errichtung von Lehrpfaden in Deutschland, der Schweiz und in Österreich (Erdmann 1975, Ebers et al. 1998). Daraus entstand vielerorts das Problem, die Spaziergängerströme gezielt zu lenken und zu einem verantwortungsvollen Umgang mit dem Wald im Sinne des Naturschutzes anzuregen. Lehrpfade schienen dazu ein besonders zweckmäßiges Mittel zu sein (Kremb 2001). Die ursprüngliche Intention zur Anlage eines Lehrpfades basierte auf der Überlegung, dass Menschen durch bewusstes Betrachten der Umwelt diese auch schätzen lernen. Lehrpfade sollten zu einem Engagement für den Naturschutz führen. Sie stellten somit ein wichtiges Instrument der sich damals entwickelnden Umweltbildung dar. Ein weiterer Aspekt der vermehrten Errichtung von Lehrpfaden lag in der Erweiterung des touristischen Angebotes von Gemeinden.

Über die anfängliche Lehrpfadentwicklung in Österreich liegen kaum Berichte vor. Die ältesten bekannten Lehrpfade wurden wahrscheinlich Mitte der 1960er Jahre in Vorarlberg, Niederösterreich, Steiermark und Oberösterreich angelegt (Parz-Gollner 1987). Zum überwiegenden Teil handelte es sich dabei um Pfade, die sich auf das Vermitteln von Artenkenntnis in Form einer Beschilderung der Pflanzen entlang eines Wegabschnittes beschränkten. Umweltpädagogische Ansätze vergleichbar dem ersten Lehrpfad der USA wurden bei der Konzeption dieser Lehrpfade nicht berücksichtigt.

Foto 2.1: Der Informationsgehalt der anfänglichen Lehrpfade beschränkte sich meist auf die Beschriftung der vorkommenden Pflanzenarten.

Die Errichtung zahlreicher Lehrpfade erfolgte damals, wie auch heute noch, oft sehr kurzsichtig: Gelder für den Bau des Lehrpfades standen zwar zur Verfügung, für die laufende Pflege oder eine, nach mehreren Jahren notwendige, zeitgemäße Adaptierung waren meist keine finanziellen und personellen Ressourcen angedacht. Dies führte unweigerlich dazu, dass viele Lehrpfade aus der ersten Gründungswelle verfielen. Die dadurch entstandenen „Ruinen" rückten die Lehrpfadidee in ein schlechtes Licht. Doch auch die zunehmende „Möblierung der Landschaft" (Romeiss-Stracke 1983) durch die zahlreichen, neuen Schilderpfade trug zu einem negativen Image in der Öffentlichkeit bei. Bis 1987 entstanden in Österreich knapp 200 Naturlehrpfade (Parz-Gollner 1987). 15 Jahre später kamen Jungmeier und Zollner (2002a) bei ihrer bundeslandweiten Erhebung allein in Kärnten auf eine Gesamtzahl von 159 Themen(wander)wegen bzw. Lehrpfaden. Die Recherchen für dieses Buch führten zu rund 700 Lehrpfaden (siehe Kapitel 5). Knapp 20 Jahre nach der ersten Erhebung hat sich die Anzahl an vorhandenen Lehrpfaden also mehr als verdreifacht.

2.2 Lehrpfadthemen einst und jetzt

Mit dem zahlenmäßigen Anstieg der Lehrpfade erweiterte sich auch das Spektrum an Themen, die präsentiert werden (siehe Abbildung 2.1). Eine Entwicklung wie sie bei vielen anderen Einrichtungen aus dem Erlebnis-, Tourismus-, Unterhaltungs- und Kulturbereich zu beobachten war und ist. Freizeitparks, Museen, Gastronomie, Bäder und Hotellerie stellen ihr Angebot immer mehr unter ein spezifisches Thema, um sich am wachsenden Markt zu positionieren. Die ersten Lehrpfade fokussierten auf die Natur und den Wald. So schreibt Erdmann im Jahr 1975 noch von „einer Gruppe seltener Lehrpfade, die spezielle Lebensräume bzw. Themengebiete vorstellen, wie Alpenlehrpfad, Geologischer Pfad, Heimatpfad, Moorlehrpfad, Vogelpfad …". Die Analyse der heutigen Lehrpfadsituation in Österreich hingegen zeigt, dass sich die Themenvielfalt deutlich erhöht hat. Inhalte wie Musik, Literatur, Astronomie, Gesundheit, Mythologie oder Esoterik haben in die Lehrpfadkonzeption Einzug gehalten (vgl. Kapitel 5).

Foto 2.2: Vom Rätsel der Lochsteine, dem heidnisch-keltischen Brauchtum, den Raunächten, sowie von Hexen und Teufeln erzählt der Kultwanderweg Wildwiesen in Miesenbach (Steiermark). Ein Beispiel dafür, dass auf Lehrpfaden nicht mehr nur Naturthemen präsentiert werden.

Abb. 2.1: Themenspektrum von Lehrpfaden einst und jetzt.

2.3 Vom Lehrpfad zum Naturerlebnispfad

Charakteristisch für die Lehrpfade der Anfangsgeneration ist ihr nahezu einheitliches Erscheinungsbild. Sie bestanden fast ausschließlich aus einzelnen Schildern mit mehr oder weniger detailliert aufbereiteten Informationen über die vorhandenen Naturobjekte. So definierte Zimmerli (1980, S. 13) einen Lehrpfad als „Weg, der angelegt ist, um Informationen über eine Landschaft oder bestimmte Tiere und Pflanzen zu vermitteln". Der didaktische Schwerpunkt lag damals in der rein rezeptiven Informationsvermittlung. Der Besucher blieb in einer passiven Rolle.

Der umweltpädagogische Erfolg dieser klassischen Lehrpfade (Schilderlehrpfade) war trotz ihrer Zielsetzung, Interesse für die Natur und den Umweltschutz zu wecken, nur minimal. Erklärungen dafür sind wohl in der schnellen Überforderung der Besucher zu sehen, wenn sie Informationen ausschließlich rezeptiv und passiv durch das Lesen von Schildern aufnehmen sollen (Ebers et al. 1998). Ab den 1980er und 1990er Jahren setzte daher ein Kurswechsel in der Lehrpfaddidaktik ein. Die Konzeption von Lehrpfaden folgte nun nicht mehr nur ausnahmslos dem Prinzip von „learning by reading", sondern zunehmend auch dem Ansatz einer aktiven Einbindung der Besucher bei den einzelnen Stationen durch „learning by doing" (Kremb 2001) – die Lernpfade und interaktiven Lehrpfade begannen sich zu entwickeln. Den interaktiven folgten dann die sensorischen Lehrpfade. Durch den Einsatz aller Sinne und über Körpererfahrung sollte ein neuer Zugang zur Natur und dadurch zum Naturerleben gefunden werden (Lude 2001).

Foto 2.3: Die Informationsvermittlung bei den ersten Lehrpfaden beschränkte sich auf das passive Lesen von Schildern. Dieser Waldlehrpfad in Niederösterreich entspricht von seiner Konzeption her einem klassischen Lehrpfad.

Foto 2.4: Sensorische Stationen, wie die Duftwolke am Au-Erlebnisweg in Klosterneuburg (Niederösterreich), die auf Knopfdruck den Duft verschiedener Aupflanzen verströmt, sind wichtige Bestandteile von Naturerlebnispfaden.

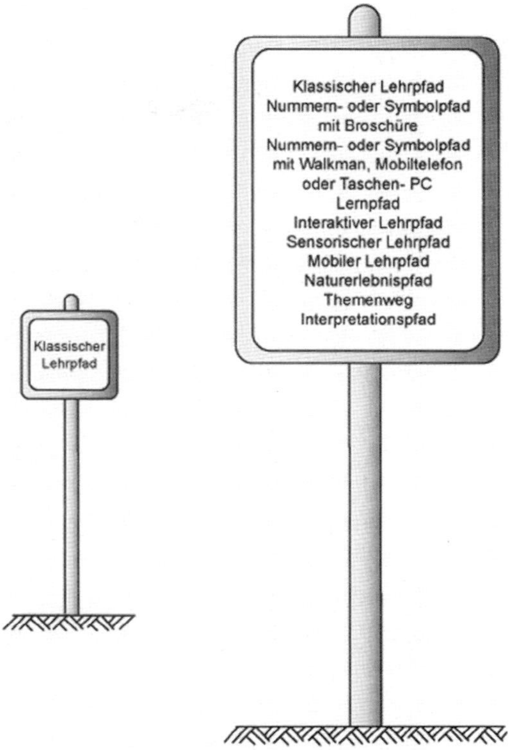

Abb. 2.2: Lehrpfadtypen, einst und jetzt.

Einen weiteren Meilenstein in der Lehrpfadkonzeption bilden die Naturerlebnispfade, die es in Österreich seit gut einem Jahrzehnt gibt. Neben dem Aspekt der interaktiven Informationsvermittlung wird auch das Einbeziehen der Sinne gefordert, um einer ganzheitlichen Umweltbildung zu entsprechen. Ziel des Naturerlebnispfades ist es, Informationen zu geben und für die Wahrnehmung der Umgebung zu sensibilisieren. Über interaktive Wissensvermittlung, sinnliche Wahrnehmung und schöne „Eindrücke" soll sich der Mensch handelnd mit der Umgebung auseinandersetzen. Ein Naturerlebnispfad soll für Natur und Umwelt sensibilisieren und gleichzeitig Spaß machen (Janssen et al. 1994). Der Lehrpfadbesuch wird dadurch zu einem Erlebnis. (Eine genauere Beschreibung der Lehrpfadtypen erfolgt in Kap. 3)

2.4 Von der Umweltbildung zur Regionalentwicklung

Auch bei den Beweggründen, einen Lehrpfad zu errichten, hat sich in den letzten Jahrzehnten ein Wandel vollzogen. Der Gedanke der Umweltbildung steht nun nicht mehr im Zentrum der Überlegungen, vielmehr geht es darum, Besonderheiten der Region darzustellen und damit Unterhaltungs-, Informations- und Erholungsangebote für Touristen, aber auch für die lokale Bevölkerung zu schaffen. Dieser Wandel der Motive reflektiert die Transformation der Gesellschaft zu einer Informations-, Wissens- und Erlebnisgesellschaft. Die Besucher wollen nun etwas über ihre Urlaubsregion bzw. Heimat erfahren und sie erleben.

In den letzten Jahren bereichern daher so genannte Themenwege das Tourismusangebot. Themenwege befassen sich kaum mit naturbezogenen, sondern mit kulturhistorischen Themen wie Eisengewinnung, Weinbau, Kunst, Kultur, Literatur, Mythologie oder Ähnlichem (Lang & Stark 2000). Sie sind ein reines Unterhaltungs- und Informationsmedium für Touristen und die lokale Bevölkerung; ein Anspruch, Umweltbildung zu betreiben und für den Naturschutz zu begeistern, wird mit Themenwegen nicht erhoben. Für die Betreiber von Themenwegen stellen folglich die touristische Wertschöpfung, indem Arbeitsplätze im und durch den Tourismus geschaffen werden, eine Erhöhung der regionalen Identität sowie eine Verbesserung der Lebensqualität die Hauptmotive dar. Gerade in wirtschaftlich schwachen Regionen könnte damit, so die Intention, die Bevölkerung eher am Ort oder im Tal gehalten werden. Mit dem Wandel der Motive ging auch eine Änderung in der Betreiberstruktur einher. Nicht nur touristisch geprägte Gemeinden nutzen nun Themenwege als ökonomisches Instrument, sondern auch das Regionalmanagement, Gastwirte, Firmen oder religiöse Einrichtungen.

Tab. 2.1: Entwicklungsphasen der Lehrpfadtypen, Motive zur Anlage von Lehrpfaden, Vermittlungsformen und Betreiber.

Entwicklungsphasen der Lehrpfadtypen	**Hauptmotive für die Anlage**	**Vermittlungsformen**	**Beispiele für die wichtigsten Betreiber**
Klassischer Lehrpfad	Umweltbildung Verhaltensänderung Naturschutz Besucherlenkung (ökologisch motiviert) Tourismus	Schilder	Naturschutzorganisationen Schutzgebietsverwaltungen Forstverwaltungen Gemeinden
Lernpfad, Interaktiver Lehrpfad	Umweltbildung Naturschutz Verhaltensänderung Tourismus	Schilder, interaktive Stationen	Naturschutzorganisationen Schutzgebietsverwaltungen Forstverwaltungen Gemeinden
Sensorischer Lehrpfad (Sinnespfad)	Sinnliche Naturwahrnehmung Umweltbildung Verhaltensänderung Körperwahrnehmung Tourismus	Schilder, sensorische Stationen	Naturschutzorganisationen Schutzgebietsverwaltungen Gemeinden

Naturerlebnis-pfad	Ganzheitliche Naturwahrnehmung Verhaltensänderung Naturerlebnis Umweltbildung Tourismus	Schilder, interaktive Stationen, sensorische Stationen	Naturschutzorganisationen Schutzgebietsverwaltungen Forstverwaltungen Gemeinden Tourismusorganisationen
Themenweg (klassischer Themenweg, interaktiver Themenweg, sensorischer Themenweg, Themenerlebnis-weg)	Regionalentwicklung, Tourismus, Verkauf eigener/lokaler Produkte Edutainment Erlebnis Gesundheit Besucherlenkung (ökonomisch motiviert) Steigerung der regionalen und lokalen Identität Erhöhung der Lebensqualität der lokalen Bevölkerung Gästebindung Imagegewinn Branding	Schilder, interaktive Stationen, sensorische Stationen	Tourismusorganisationen Gemeinden Vereine (Verschönerungsverein) Schutzgebietsverwaltungen Regionalmanagement Genossenschaften Gasthäuser Bergbahnen Firmen

Natürlich waren auch klassische Lehrpfade und vor allem die Naturerlebnispfade als touristisches Angebot gedacht (Megerle 2004). Nur war dieses Motiv immer dem Umweltbildungsmotiv untergeordnet. So zeigten Umfragen unter Lehrpfadbetreibern (Lang & Stark 2000, Megerle 2003), dass diese Umweltbildung, Naturerlebnis und Tourismus als wichtige Gründe für die Errichtung ihrer Lehrpfade ansehen. Waren Naturlehrpfade noch darauf ausgerichtet, die Besucher zu lenken, um ökologische Schäden zu minimieren, so sind Themenwege eher ein Instrument der ökonomischen Besucherlenkung, schließlich führen sie nicht durch sensible Naturräume, sondern durch die Kulturlandschaft oder gar Siedlungsbereiche. Entlang des Pfades sollen die Gäste gezielt zu weiteren Angeboten wie Gastronomiebetrieben, Verkaufsstellen oder anderen touristischen Attraktionen wie Museen herangeführt oder zumindest darauf hingewiesen werden; letztendlich mit dem Ziel, sowohl das Besuchserlebnis als auch das Ausgabeverhalten zu steigern.

3. Einteilung von Lehrpfaden: Eine Idee – viele Begriffe?

Wer beginnt, sich mit Lehrpfaden zu beschäftigen, sieht sich mit einer Vielzahl an sehr ähnlichen Begriffen konfrontiert: Lehrpfad, Naturlehrpfad, Forstlehrpfad, Waldlehrpfad, multisensorischer Waldlehrpfad, Gletscherweg, Lernpfad, Naturerlebnisweg, Themenweg, Interpretationspfad, Lehrwiese, Schilderpfad, interaktiver Lehrpfad, Sinnespfad, Kulturlandschaftsweg ... Die Liste ließe sich problemlos weiterführen – bleibt die Frage, was sich hinter den einzelnen Begriffen verbirgt. Definieren diese Begriffe das Gleiche, oder meinen sie Verschiedenes?

Dem Terminus „Lehrpfad" liegt ein ähnliches Schicksal zugrunde wie dem Terminus „Umwelterziehung": Im Laufe der Zeit sind viele Begriffe entstanden, die im Prinzip die gleiche Idee zum Ursprung haben, sich aber in ihren pädagogischen Konzepten unterscheiden. Zwar bestehen einige Definitionsversuche für die unterschiedlichen Typen von Lehrpfaden – in der Praxis beziehen sich die Bezeichnungen der Pfade allerdings selten auf diese.

In der Literatur (Ebers et al. 1998, Jungmeier & Zollner 2002a, Lang & Stark 2000, Megerle 2003, Nutz 2006, Weldt 1965, Zimmerli 1980) finden sich zahlreiche Vorschläge, wie Lehrpfade nach unterschiedlichen Kriterien systematisiert werden können. Diese Einteilungen basieren auf den

- angesprochenen Themen,
- eingesetzten Vermittlungsmethoden,
- jeweiligen Umsetzungsformen oder
- angewendeten Medien wie Schilder, Broschüren etc.,
- Motiven zur Errichtung.

Wir wollen im Folgenden versuchen, diese Vielzahl an bestehenden Einteilungen und Definitionen, die sich auch teilweise widersprechen, darzulegen, zu strukturieren und „unter einen Hut" zu bringen (Kapitel 3.4).

3.1 Einteilung nach Themen

Die ersten Systematisierungen von Lehrpfaden basierten auf einer Einteilung nach den präsentierten Themen. Einteilungen, ausgehend von der Vermittlungs- und Umsetzungsform, waren in der Anfangszeit der Lehrpfade nicht erforderlich, da ausschließlich Schilderpfade errichtet wurden. Auch die Systematisierung nach Themen gestaltete sich bedeutend einfacher als heute, schließlich beschränkten sich die dargebotenen Inhalte meist auf den Wald oder die Natur.

Foto 3.1: Ein bei der Errichtung von Lehrpfaden häufig aufgegriffenes Thema ist die Beschreibung des Lebensraums Wald. Baumkronenweg Kopfing (Oberösterreich).

Eine der ersten Kategorisierungen von Lehrpfaden stammt von Weldt (1965). Abhängig von Thema und Zielgruppe unterschied er zwischen Natur-, Wald- und Forstlehrpfad. Unter einem Naturlehrpfad verstand er einen Pfad, der in jedem Wald angelegt werden kann, bei dem die einzelnen Objekte nur durch Namensschilder bezeichnet werden und der von Erholungssuchenden besucht wird. Der Waldlehrpfad hingegen ist aus seiner Sicht durch eine intensivere Erklärungsart gekennzeichnet. Bedingungen für die Anlage wären im Vergleich zum Naturlehrpfad ein starker Besucherstrom oder die Nähe eines Kurortes. Der Forstlehrpfad schließlich diene der Vermittlung forstwirtschaftlicher Kenntnisse zum Zweck der Aus- und Fortbildung.

15 Jahre später differenzierte Zimmerli (1980), basierend auf einem schon größeren Themenspektrum, in Lehrpfade (wirtschaftlicher, historischer, geologischer Lehrpfad), Naturlehrpfade (botanischer und zoologischer Lehrpfad) und Waldlehrpfade. Damit waren auch nicht naturbezogene Themen wie Geschichte Inhalt von Lehrpfaden. Allerdings wurden diese Pfade bei ihm noch unter dem Begriff Lehrpfade subsumiert. Eine weitere Einteilung in Objekt-Lehrpfade, die einzelne Objekte wie Pflanzen oder Gesteine beschreiben, und in Standort-Lehrpfade, die Lebensräume und ökologische Zusammenhänge erklären, machte Zimmerli abhängig von der methodischen Zielsetzung.

Zwar trafen Lang und Stark (2000) hinsichtlich des Themas rund zwei Jahrzehnte später eine ähnliche Unterscheidung, indem sie in Lehrpfade mit einem breiten Thema, z. B. Gebirgslehrpfad entsprechend dem Standort-Lehrpfad, und einem engen Thema, z. B. Orchideen-Lehrpfad entsprechend dem Objekt-Lehrpfad, differenzierten. Sie subsumierten aber Pfade, die sich mit der Interaktion Mensch und Natur (Kulturlandschaft) oder nur mit kultur(historisch)-bezogenen Themen auseinandersetzen, nun unter dem Begriff Themenwege, während aus ihrer Sicht die naturwissenschaftlichen Themen mit ihren klassischen Bereichen Wald und Natur über Naturlehrpfade präsentiert werden.

Eine weitere themenbezogene Systematisierung, die wir hier treffen wollen, stellt jene nach der Stärke des räumlichen Bezugs des gewählten Themas dar (Tabelle 3.1). Diese Differenzierung unterstützt Lehrpfadbetreiber bei der Definition ihrer Zielgruppen, beim Marketing, bei der Standortwahl und Ausgestaltung des Lehrpfades. Lehrpfade mit lokalem und regionalem Bezug setzen voraus, dass das vorhandene landschaftliche, historische oder kulturelle Potenzial ausreicht, um einen attraktiven Pfad zu errichten. Der Landschaftsraum und seine geologische Prägung oder der bäuerliche Obstbau in einer Region stehen für regionale Themen. Beispiele für Lehrpfade mit spezifisch lokalem Inhalt sind der Geschichte-Erlebnisweg in Unken oder der Mitterberger Erzweg in Salzburg. Fehlt den Lehrpfadthemen der lokale Bezug, so sind sie „global" gültig und können im Prinzip überall errichtet werden. Regions- bzw. ortsungebundene Themen sind zum Beispiel ein Astronomielehrpfad wie der Planetenweg Himmel auf Erden oder ein Barfußweg wie der in Wenigzell, beide in der Steiermark.

Natürlich sind immer Übergänge zwischen den einzelnen Thementypen möglich. So kann ein globales Thema mit einem direkten lokalen Bezug versehen sein, wenn ein Barfußweg durch einen lokalen Bach führt, oder ein lokaler Lehrpfad kann regionale bzw. globale Themen mit aufgreifen.

Tab. 3.1: Beispiele für die Einteilung von Lehrpfaden nach Raumbezug.

Räumlicher Themenbezug	**Global / National (ohne räumlichen Bezug)**	**Regional**	**Lokal**
Spezielles Thema	Astronomie	Streuobstbau	Geschichtliche Entwicklung eines Ortes
Übergeordnetes Thema	Naturwissenschaft	Kulturlandschaft	Geschichte
Beispiele	Planetenweg Himmel auf Erden (STMK)	Lehrobstwiese Unterkagererhof (OÖ)	Geschichte-Erlebnisweg Unken (SBG)

3.2 Einteilung nach Methoden der Vermittlung

Lehrpfade lassen sich auch abhängig von der Methode, die zur Vermittlung der Information eingesetzt wird, unterscheiden. Nach Ebers et al. (1998) existieren dazu drei Vermittlungsmethoden:

- Beschreibende Vermittlung: Die Inhalte werden anhand von Texten, Fotos, Grafiken und Diagrammen erklärt. Das Informationsangebot ist dabei rezeptiv, die Lesenden bleiben in einer passiven Rolle. Die beschreibende Vermittlung kommt in der Lehrpfadgestaltung nach wie vor am häufigsten zum Einsatz.
- Interaktive Vermittlung: Die Wissenshungrigen müssen selber aktiv werden, um eine gewünschte Information zu bekommen. Die Aufnahme der Information erfolgt durch „learning by doing".
- Sensorische Vermittlung: Mit den eigenen Sinnen die Inhalte ganzheitlich erleben ist das Motto der sensorischen Vermittlung. Angesprochen ist hier die emotionale Ebene, die eine bewusste Körperwahrnehmung oder eine vertiefende Umwelterfahrung ermöglicht.

Foto 3.2: Sensorische Vermittlung: Das Gefühl, den Boden bewusst unter den Füßen zu spüren, ermöglicht der Barfußweg in Wenigzell (Steiermark).

Foto 3.3: Interaktive Vermittlung: Im Gegensatz zur beschreibenden Vermittlung müssen die jungen Besucher bei dieser Station am Naturlehrpfad Nikolaitor im Lainzer Tiergarten (Wien) die Informationen durch Schieben selbst erarbeiten. Ob die Zuordnung stimmt, zeigt der durchgehende einheitliche Farbstreifen am Rand.

3.3 Einteilung nach eingesetzten Medien

Eine Vielzahl an Medien steht den Betreibern zur Verfügung, um die Lehrpfadinhalte zu präsentieren. Die Medien erfüllen dabei jeweils unterschiedliche Funktionen:

- Sie dienen als „Träger" für Informationen. Beispiele hierfür sind Schilder, Broschüren, Walkman oder Palmer.
- Sie fordern die Besucher durch interaktive Elemente wie Drehwürfel, Steckspiele oder Klapptafeln zum aktiven Mitmachen auf.
- Sie helfen den Blick zu fokussieren oder etwas deutlicher sichtbar zu machen, beispielsweise durch Fernrohre, Lupen, Bilderrahmen.
- Sie gewähren ungewöhnliche Blickperspektiven über den Einsatz von Spiegeln, Fenstern bei einer Brücke oder Aussichtsturm.
- Sie animieren zum Einsatz verschiedener Sinnesorgane durch Tastboxen, Duftstationen, Lauschinseln, Balancierbalken, Barfußpacours.
- Sie ermöglichen nur zeitlich punktuell sichtbare oder länger andauernde Prozesse modellhaft darzustellen. Pilz-, Pflanzen-, Tier- und Landschaftsmodelle sind Beispiele dafür.

Welche Medien verwendet werden, ist in erster Linie von der Zielgruppe abhängig. So stellen Kinder hier gänzlich andere Anforderungen als Erwachsene. Oberste Maxime beim Einsatz von Medien sollte allerdings immer sein, dass sie nur als Hilfsmittel betrachtet werden und das eigentliche Thema bzw. das Originalobjekt nicht in den Hintergrund drängen.

3.3.1 Informationstafel

Die Informations- bzw. Lehrtafel ist zweifellos das am häufigsten eingesetzte Medium bei Lehrpfaden. Die Herstellung, Montage und Wartung sind, verglichen mit interaktiven oder sensorischen Stationen sowie Schauobjekten, relativ einfach und billig. Informationstafeln eignen sich gut, um komplexe Inhalte und Zusammenhänge zu beschreiben und bildlich darzustellen.

Der negative Ruf von Lehrpfaden, die ausschließlich aus Informationstafeln bestehen, begründet sich häufig in der nicht optimalen Umsetzung der Themen. Viele der bestehenden Tafeln sind sowohl mit Text als auch mit Informationen überladen und lassen eine übersichtliche Gestaltung und sinnvolle Gliederung vermissen. Eine nach didaktischen Grundsätzen gestaltete Informationstafel, besonders wenn sie auch interaktive Aspekte und Sinnesanregungen enthält, ist aber ein wichtiges und geeignetes Medium für Lehrpfade.

Foto 3.4: Die Gestaltung dieser Informationstafel am 3-Seen-Weg auf der Turracher Höhe (Kärnten) ist gut gelungen: Sie ist übersichtlich gegliedert, nicht mit Text überladen, durch Fotos und Grafiken ausreichend illustriert und nimmt auf die lokalen Gegebenheiten Bezug.

Foto 3.5: Diese Informationstafel am Schilflehrpfad (Burgenland) ist optisch ansprechend gestaltet, die angebotene Textmenge ist allerdings sehr umfangreich.

Sind Kinder die Zielgruppe, ist der alleinige Einsatz von Informationstafeln nicht sinnvoll, schließlich sind vor allem die Jüngeren nicht in der Lage, lange Texte zu lesen. Um ihren Bedürfnissen, dem spielerischen, aktiven und entdeckenden Wahrnehmen und Lernen, gerecht zu werden, müssen interaktive und sensorische Medien am Lehrpfad dominieren.

3.3.2 Broschüren

Als eigenständiges Medium bei Lehrpfaden, deren Stationen nur durch Nummern- oder Symbolpflöcke gekennzeichnet sind, sind Broschüren eine Antwort auf die oft kritisierte „Möblierung der Landschaft" durch die klassischen Lehrpfade. Broschüren eignen sich auch als zusätzliche Informationsangebote zu Lehrpfaden. Beispielsweise können sie einen rezeptiven Lehrpfad mit interaktiven Anregungen durch Quiz- und Beobachtungsaufgaben ergänzen.

Je nach didaktischer Aufbereitung kommen sowohl beschreibende als auch interaktive und/oder sensorische Vermittlungsformen zur Anwendung: Dient die Broschüre der rein rezeptiven Informationsvermittlung, werden die Inhalte nur beschreibend dargestellt. Durch das Einfügen von Arbeits- und Suchaufgaben, Spielvorschlägen oder Malvorlagen wandelt sich die Broschüre zu einem Medium, das die Besucher zur aktiven Teilnahme, zur Interaktivität, animiert. Ist die sensorische Dimension gefragt, kann dieser durch Aufgaben oder Tipps zur Sensibilisierung der Sinne wie beispielsweise Hören von Geräuschen in der Natur, Riechen von Pflanzen oder Barfußlaufen Rechnung getragen werden.

Unterschiedliche Broschüren bieten die Möglichkeit, mehrere Zielgruppen wie Erwachsene, Kinder, Schulklassen, Laien oder Fachleute anzusprechen. Sie können auf weitere lokale und regionale Besonderheiten hinweisen, die Inhalte auch mehrsprachige präsentieren, ja sogar Rezepte von lokalen Spezialitäten enthalten. Darüber hinaus nehmen die Besucher mit der Broschüre zugleich Erinnerungen an ihren Lehrpfadbesuch mit nach Hause. Mit den, wenn auch geringen, Einnahmen aus dem Broschüreverkauf lassen sich Pflegearbeiten am Lehrpfad finanzieren.

Foto 3.6: In der Begleitbroschüre zum Naturlehrpfad Obere Lobau (Wien) finden sich nähere Informationen zu dem auf dem Pflock dargestellten Symbol.

Die größte Schwierigkeit, die beim Einsatz von Broschüren auftritt, ist die Frage, wie die Besucher an die Broschüre kommen. Leere Broschürenbehälter am Anfangspunkt des Lehrpfades, fehlende Hinweise auf der Eingangstafel über Verkaufsstellen oder schlimmstenfalls eine gänzlich fehlende Information, dass für die Begehung des Lehrpfades eine Broschüre benötigt wird, sind häufig an der Tagesordnung.

3.3.3 Interaktive Installationen

Interaktive Installationen beteiligen die Besucher aktiv an der Informationsvermittlung und animieren sie damit zum Handeln. Im Gegensatz zu einer Informationstafel holen interaktive Elemente die Besucher aus der passiven Rolle des „nur Lesens“, und verankern Gelesenes besser im Gedächtnis. Die derzeit eingesetzten interaktiven Medien folgen häufig dem gleichen Grundprinzip: Es wird eine Frage gestellt, deren Antwort die Besucher eigenständig herausfinden müssen. Erst durch gezielte Aktivitäten in Form von Klappen, Drehen, Stecken, Blättern, Drücken etc. erfahren sie, ob ihre Antwort richtig ist. Das häufig zitierte Beispiel für eine interaktive Installation ist die Klapptafel: auf der Oberseite steht eine Frage, durch das Hochklappen der Tafel wird die richtige Antwort sichtbar.

Foto 3.7: Die Klapptafel am Waldlehrpfad Grüne Au (Steiermark) ist ein typisches Beispiel für eine einfach zu konstruierende, interaktive Installation.

Foto 3.8: Eine andere Art der interaktiven Informationsvermittlung zeigt diese Station am Erlebnisweg „Auf die Alm“ in Lofer (Salzburg): Anstatt auf einer Informationstafel die in diesem Gebiet vorkommenden Tier- und Pflanzenarten einfach aufzulisten, müssen hier die Buchstaben richtig aneinandergereiht werden, um die Namen zu den Bildern herauszufinden.

3.3.4 Sensorische Installationen

Die sensorischen Installationen sprechen die Sinne (Gehör-, Geruchs-, Geschmacks-, Seh- und Tastsinn) des Menschen gezielt an (Tabelle 3.2). Werden möglichst viele Sinne sensibilisiert, wird ganzheitliches Wahrnehmen gefördert. Die Umgebung wird im wahrsten

Sinne des Wortes „be-griffen". Ähnlich den interaktiven Installationen erschließen sich die Besucher den Inhalt der einzelnen Stationen aktiv. Damit vertieft sich das Besuchserlebnis und durch die emotionale Ansprache bleibt das Erfahrene länger in Erinnerung als bei ausschließlicher Textvermittlung. Gerade Kinder brauchen neben interaktiven auch sensorische Elemente, die ein spielerisches und eigenständiges Erarbeiten der Lehrpfadinhalte ermöglichen. Lernen soll ja schließlich Spaß machen! Beispiele für sensorische Stationen sind unter anderem Lauschinsel, Duftblumen, Fernrohre, Tierweitsprung, Summsteine, Tastboxen und Barfußwege.

Tab. 3.2: Beispiele für sensorische Elemente und Anregungen (verändert nach Megerle 2006, S. 107).

Sinnessystem	**Möglichkeiten der Ansprache**	**Beispiele für sensorische Elemente**
Sehsinn (Visuelle Wahrnehmung)	Augen öffnen für Nicht-Alltägliches Blicke bewusst aufs Ganze oder auf Details lenken, die sonst nicht beachtet würden	Blick- oder Fernrohre, Lupen Rahmenkonstruktionen Beschreibende Anregungen zum bewussten Schauen Aussichtspunkte, -türme
Hörsinn (Auditive Wahrnehmung)	Bewusstes Lauschen von verschiedenen Geräuschen	Klanginstrumente wie Holz- oder Steinxylofon, Kuhglocken Lauschinseln, Hörrohre Baumstammtelefon Beschreibende Anregungen zum bewussten Hören (Vogelgesang, Wasserrauschen, Blätter im Wind, Verkehrslärm)
Tastsinn (Taktile Wahrnehmung)	Strukturen und Formen ertasten, die normalerweise nur visuell wahrgenommen werden	Tastboxen Barfußpfad Baumstämme, Steine Beschreibende Anregungen zum bewussten Tasten (Steine, Baumrinde, Zapfen, Erde)
Geruchssinn (Olfaktorische Wahrnehmung)	Bewusstes Wahrnehmen von Gerüchen	Duftboxen mit ätherischen Ölen (Kräuter, Gehölze, Gewürze) Kräuterbeete Beschreibende Anregungen zum bewussten Riechen (Wald, Wiese, Erde)
Geschmackssinn (Gustatorische Wahrnehmung)	Bewusstes Fördern von ungewöhnlichen Geschmackserlebnissen	Essbare Pflanzen, Früchte Naschgarten Quellwasserproben Wein-, Schnapsproben
Bewegungs- und Gleichgewichtssinn (Kinästhetische und vestibuläre Wahrnehmung)	Anregung durch Kletter- oder Balancierübungen, Körperherausforderung	Balancierstämme, -seile, -teller Tierweitsprung Modelle zum Klettern

Foto 3.9: Eine mittlerweile auf Naturerlebniswegen regelmäßig anzutreffende sensorische Station, so auch am Vogelkundeweg in Gutau (Oberösterreich), ist die Lauschinsel. Die überdimensionalen Holztrichter animieren zum bewussten Hören, indem sie die Geräusche der Umgebung verstärken.

Foto 3.10: Beim Tierweitsprung am Au-Erlebnisweg in Klosterneuburg (Niederösterreich) vergleichen die Besucher ihre Sprungkraft mit der von den in der Au vorkommenden Tieren.

Obwohl in den letzten Jahren auf österreichischen Lehrpfaden vermehrt Elemente eingesetzt werden, die Informationen auf sensorische und interaktive Weise vermitteln, kommen diese Stationen in Summe noch immer viel zu selten vor.

Leider entstehen durch häufiges Kopieren von bewährten interaktiven wie sensorischen Installationen uniforme Lehrpfade. So findet sich die Sinnesstation „Lauschinsel“ bei vielen neueren Lehrpfaden. Damit gleicht ein Lehrpfadbesuch dem anderen, was zu einem sinkenden Interesse der Besucher führt (Megerle 2004). Kreativität und neue Ideen sind daher essentiell, um die Individualität der Lehrpfade zu gewährleisten.

3.3.5 Führungen

Ein charakteristisches Merkmal von Lehrpfaden ist, dass sie selbstführend (self-guided) sind. Dennoch bieten zahlreiche Lehrpfadbetreiber als zusätzliche Serviceleistung Führungen an. Dadurch ergibt sich der große Vorteil, mit den Besuchern direkt in Kontakt zu treten, auf ihre speziellen Interessen einzugehen und spontan auftretende Fragen zu beantworten, vorausgesetzt die Führungsperson ist entsprechend geschult, bindet die Teilnehmer aktiv ein und vermittelt die Themen authentisch. Bei Führungen können Themenausschnitte des Lehrpfades schwerpunktmäßig präsentiert oder spezielle Zielgruppen (Schulen, Jugendgruppen) angesprochen werden. Wenn es die personellen und finanziellen Ressourcen erlauben, sollte auf das Angebot von Führungen entlang des Lehrpfades

Foto 3.11: Führungen ermöglichen einen direkten Kontakt zu den Besuchern. Pecherlehrpfad Hernstein (Niederösterreich).

nicht verzichtet werden. Sie erhöhen die Attraktivität des Pfades und den Kreis der potenziellen Gäste und helfen Gelerntes besser im Gedächtnis zu verankern. Kostenpflichtige Führungen bringen auch zusätzliche Einnahmen. Um den Besuchern die Teilnahme an einer Führung zu erleichtern, sollte das Angebot auch deutlich, beispielsweise auf der Eingangstafel, dem Werbefolder oder der Webseite des Lehrpfades, kommuniziert werden.

3.3.6 Mobiler Rucksack

Einige Lehrpfadbetreiber verborgen Rucksäcke oder Koffer, die mit Hilfsmaterialien wie Lupen, Maßband, Bestimmungsbüchern oder Mappen mit Arbeitsaufgaben gefüllt sind. Damit können die Fragen, die beispielsweise auf Tafeln oder auf einem Quizzettel entlang des Pfades ähnlich einer Rätselralley gestellt werden, beantwortet werden. Rucksäcke sind ideal für Gruppen und Schulklassen, die den Lehrpfad im Rahmen einer Exkursion besuchen. Ein Lehrpfad, der sich in seiner Grundstruktur auf Tafeln mit reiner rezeptiver Wissensvermittlung beschränkt, kann durch das Zusatzangebot eines Rucksackes zu einem interaktiven oder sensorischen Lehrpfad erweitert werden.

Ein Vorteil ist in der einfachen Austauschbarkeit der enthaltenen Materialien zu sehen. Inhalte können daher relativ einfach aktualisiert, ergänzt oder verändert werden. Der Nachteil liegt in der mengenmäßigen (begrenzte Stückzahl aufgrund hoher Kosten) und zeitlichen (Öffnungszeiten der Verleihstelle) Verfügbarkeit. Daher sollte bereits im Vorfeld im Werbefolder, im Internet oder spätestens bei der Eingangstafel deutlich auf die Öffnungszeiten der Verleihstellen und die Entlehnbedingungen hingewiesen werden.

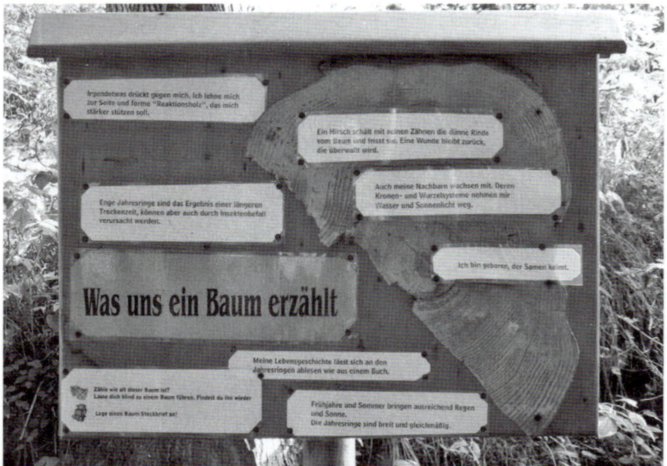

Foto 3.12: Am Wald-Wunder-Weg in Oberkappel (Oberösterreich) besteht die Möglichkeit, einen Rucksack auszuborgen, der Bestimmungsbücher, zusätzliche Information zu den einzelnen Tafeln und verschiedene andere Utensilien enthält, um die Aufgabenstellungen auf den Tafeln lösen zu können.

3.3.7 Walkman, Mobiltelefon oder Taschen-PC

Zwei bis jetzt noch eher selten, in Zukunft aber sicher verstärkt eingesetzte Methoden sind die akustische und elektronische Vermittlung. Technische Geräte wie Walkman, Mobiltelefon, GPS-Geräte oder Taschencomputer (Palmer) übernehmen die Funktion der Informationstafel oder Broschüre oder sind ein Zusatzangebot für diese. Anwendung finden diese Arten der Vermittlung bereits bei Museumstouren, wo die Besucher audiovisuelle Informationen zu den von ihnen gewünschten Ausstellungsstücken erhalten, oder bei Stadtführungen (Epstein et al. 2003). Im Schweizerischen Nationalpark wird derzeit der Einsatz von einem elektrischen Wanderführer (Palmer) angeboten (www.nationalpark.ch). Diese Art der Informationsvermittlung bietet zweifellos viele Vorteile gegenüber den bisher eingesetzten Medien:

- Den Besuchern stehen viel mehr Informationen, auch grafischer und akustischer Natur, zur Verfügung als über Tafeln oder Broschüren.
- Über die Menüwahl bestimmen die Besucher selbst den Inhalt und Umfang des Informationsangebotes.
- Inhalte können sehr schnell und kostengünstig aktualisiert werden.
- Eine Darstellung der Themen ist für unterschiedliche Zielgruppen und in verschiedenen Sprachen möglich.
- Informationen über lokale Gastronomie (Entfernung, Öffnungszeiten, Preise), Fahrpläne und Haltestellen des öffentlichen Verkehrs, zugehörige Ausstellungen, weiterführende Literatur etc. können angeboten werden.
- Die immer wieder kritisierte Möblierung der Landschaft wird eingeschränkt.
- Mit klassischen Lehrpfaden schwer erreichbare Zielgruppen, wie Jugendliche, könnten durch technische, trendige Medien wieder vermehrt für eine Beschäftigung in und mit der Natur gewonnen werden.

Die Frage, ob der unter der Woche am Bildschirm arbeitende Mensch diese Form der Lehrpfadkonzeption annehmen wird, sei jedoch in den Raum gestellt. Für ältere Personen oder Personen mit Sehbehinderungen sind Taschencomputer nur eingeschränkt nutzbar. Die akustische Vermittlung via Walkman hingegen ist für Menschen mit Sehbehinderungen eine gute Alternative. Wie bei den Broschüren und den mobilen Rucksäcken stellt sich die Frage, wie die Besucher an die technischen Geräte kommen. Außerdem müssen eine ausreichende Anzahl an Geräten und technisch versiertes Personal für eine Einschulung zur Verfügung stehen.

3.3.8 Modelle, Schauobjekte, Exponate

Modelle oder Nachbildungen werden eingesetzt, wenn das Originalobjekt nicht sichtbar (Planetenmodelle), schwer oder nur zeitlich begrenzt sichtbar ist (Pilz-, Pflanzen-, Tiermodelle) oder ein hohes Gefährdungspotenzial besitzt. Modelle können das Originalobjekt sowohl maßstabsgetreu, vergrößert oder verkleinert darstellen. Exponate, wie die Gesteinsproben eines Geologiepfades oder der Bienenschaustock eines Bienenlehrpfades, können als Medien in einen Lehrpfad integriert sein. Überdimensionale Darstellungen von Tieren, Pflanzen etc. ermöglichen neue Perspektiven, Wahrnehmungen und Einsichten. Beispiele hierfür sind Tiere als Kletterelemente, eine duftende Riesenorchidee oder Riesenfrösche mit akustischen Installationen. Grundsätzlich sollte ein Lehrpfad immer auf die Originalobjekte fokussieren und nicht das Modell zum alleinigen Attraktionspunkt mutieren.

Foto 3.13: Ein überdimensionales Modell der Blüte einer Mücken-Händelwurz gibt es am Orchideen-Erlebnisweg in St. Martin (Salzburg) zu bestaunen. Auf der angebrachten Tafel finden sich eine Abbildung der Pflanze und der Hinweis, genau auf die Umgebung zu achten, da es einige Exemplare dieser Orchidee auch in natura zu entdecken gibt – die Originalobjekte vor Ort wurden folglich bei dieser Station miteinbezogen. Auf Knopfdruck verströmt die künstliche Orchidee sogar den typischen Duft des Originals.

Foto 3.14: Die Steine, die den Untergrund des Lainzer Tiergartens aufbauen, zeigt der Naturlehrpfad Nikolaitor (Wien). Die angebotene Information kann dadurch im wahrsten Sinn des Wortes „be-griffen" werden.

Jedes Medium, das zur Umsetzung des Lehrpfadthemas eingesetzt wird, bringt Vor- und Nachteile mit sich. Die Kombination von mehreren unterschiedlichen Medien auf einem Pfad ist daher vorteilhaft. Tabelle 3.3 gibt einen Überblick über die einzelnen Vor- und Nachteile jener Medien, die am häufigsten beim Bau von Lehrpfaden zum Einsatz kommen.

Tab. 3.3: Zusammenstellung der Vor- und Nachteile der wichtigsten Medien (Eder 2004, ergänzt).

Medien	**Vermittlungsmethoden**	**Vorteile**	**Nachteile**
Informationstafeln	beschreibend	• gut bei Vermittlung von komplexen Themen (Biotopbeschreibungen, Stoffkreisläufe, Lebenszyklen) • gut für den Einsatz von Grafiken und Fotos • geringere Herstellungskosten als bei interaktiven und sensorischen Stationen • weniger Wartungsarbeiten als bei interaktiven und sensorischen Stationen • kann mit sensorischen und interaktiven Handlungsanleitungen erweitert werden	• schnelles Vergessen bei rein rezeptiver Wissensvermittlung • Besucher bleiben in einer passiven Rolle • meist wird nur eine begrenzte Anzahl von Tafeln gelesen • Möblierung der Landschaft • Vandalismusanfälligkeit
Broschüren	beschreibend (interaktiv, sensorisch)	• können zu mehr Eigenaktivität animieren • Ansprache von unterschiedlichen Zielgruppen am selben Lehrpfad möglich • gut bei Vermittlung von komplexen Themen • interaktive und sensorische Anregungen können eingebaut werden • geringe Beeinträchtigung des Landschaftsbildes • kaum Wartungsarbeiten • Erinnerung an den Lehrpfadbesuch • mögliche Einnahmequelle • Werbung für lokale und regionale Besonderheiten	• Besucher ohne Broschüre können Lehrpfad nicht nutzen • Regelung eines einfachen Zugangs zur Broschüre ist meist schwierig • großer Aufwand bei der Gestaltung der Broschüre • hohe Druckkosten bei der Herstellung • meist nur gegen Kostenersatz erhältlich
Interaktive Medien	interaktiv	• Handlungsorientierung durch aktives Einbeziehen des Besuchers • Tempo der Informationsgewinnung wird selbst bestimmt • Informationen werden besser aufgenommen	• höhere Kosten als bei Informationstafeln • mehr Wartungsarbeiten als bei Informationstafeln • Möblierung der Landschaft • Vandalismusanfälligkeit
Sensorische Medien	sensorisch	• der Einsatz unterschiedlicher Sinne kann ungewohnte Eindrücke und Erlebnisse liefern • bewusste Naturwahrnehmung wird ermöglicht • emotionale Erlebnisse verstärken Bindung zur Umwelt	• höhere Kosten als bei Informationstafeln • mehr Wartungsarbeiten als bei Informationstafeln • Möblierung der Landschaft • Vandalismusanfälligkeit

3.4 Lehrpfadtypologie

Basierend auf der geschichtlichen Entwicklung der Lehrpfade, der Zielsetzungen, der Rolle der Besucher, der unterschiedlichen Kombinationsmöglichkeiten von Vermittlungsmethoden und eingesetzten Medien lassen sich unterschiedliche Lehrpfadtypen unterscheiden (Tabelle 3.4). Die Bereiche Umweltbildung und Tourismus entwickelten dazu eigene Typologien. Untenstehende Tabelle versucht, die vielen unterschiedlichen und sich teilweise sogar widersprechenden Definitionen für die Lehrpfadtypen neu zu strukturieren. Für Themenwege wird, in Anlehnung an die Untergliederung der Lehrpfade aus dem Blickwinkel der Umweltbildung, die gleiche Differenzierung getroffen.

Wie in vielen Bereichen, so gibt es auch hier keine Definition ohne Ausnahmen. Übergänge sind immer möglich und auch häufig in der Praxis anzutreffen. So stellt sich beispielsweise die Frage, ab welchem Anteil an sensorischen Stationen ein klassischer Lehrpfad als sensorischer Pfad anzusprechen ist. Wir gehen davon aus, dass ab einem Angebot an interaktiven bzw. sensorischen Stationen von etwa der Hälfte ein Pfad als interaktiver bzw. als sensorischer Pfad geführt werden sollte. Für einen Erlebnispfad muss das gemeinsame Angebot an sensorischen und interaktiven Stationen mehr als die Hälfte ausmachen. Megerle (2003) fordert sogar, dass drei Viertel des Angebotes sensorisch und interaktiv

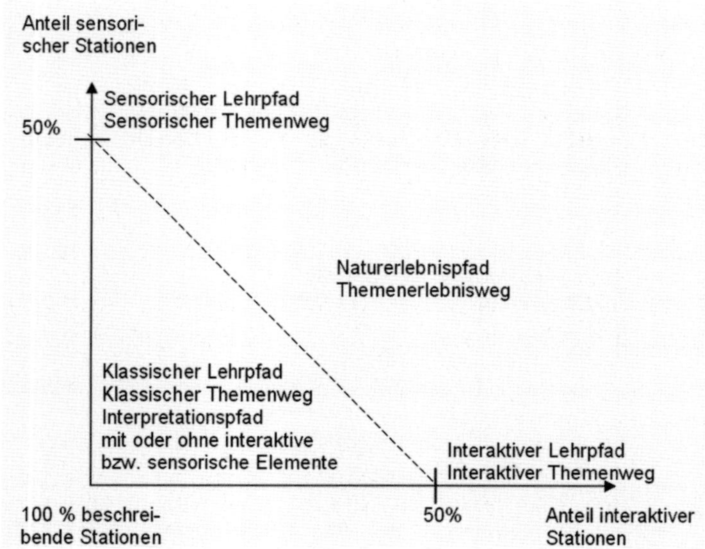

Abb. 3.1: Zuordnung der Vermittlungsformen zu den Lehrpfadtypen.

Tab. 3.4: Zuordnung von Medien und Vermittlungsform zu den Lehrpfadtypen.

Rolle der Besucher	**Passiv**	**Aktiv**	**Aktiv**
Vermittlungsform	Beschreibend	Interaktiv	Sensorisch
Medien (beispielhaft)	Informationstafel	Informationstafel mit interaktiven Handlungsanleitungen	Informationstafel mit sensorischen Handlungsanleitungen
		Klapptafel	Tastbox
		Drehwürfel/-tafel	Duftstation
		Stecktafeln	Lauschinsel
		Schiebeelemente	Holzxylofon
	Informationsbroschüre	Broschüre mit interaktiven Handlungsanleitungen	Broschüre mit sensorischen Handlungsanleitungen
		Blickfenster „fokussieren“	Blickfenster „wahrnehmen“
		Mobiler Rucksack mit interaktiven Handlungsanleitungen	Mobiler Rucksack mit sensorischen Handlungsanleitungen
	Informationen über Walkman, Mobiltelefon oder Palmer	Interaktive Handlungsanleitungen über Walkman, Mobiltelefon oder Palmer	Sensorische Handlungsanleitungen über Walkman, Mobiltelefon oder Palmer
	Führung als Frontalunterricht	Führung mit aktiver Einbindung der Besucher	Führung mit sensorischen Anregungen
	⇩	⇩	⇩
Lehrpfadtypen mit starken Umweltbildungszielen	Klassischer Lehrpfad (Schilderpfad) / klassischer Nummernpfad	Interaktiver Lehrpfad / Lernpfad / interaktiver Nummernpfad	Sensorischer Lehrpfad / sensorischer Nummernpfad
	Naturerlebnispfad		
Lehrpfadtyp mit touristischen und Umweltbildungszielen	Interpretationspfad		
Lehrpfadtypen mit touristischen, aber ohne Umweltbildungszielen	Klassischer Themenweg	Interaktiver Themenweg	Sensorischer Themenweg
	Themenerlebnisweg		

sein müssen, damit es sich um einen Erlebnispfad handelt. Ludwig (2005) empfiehlt für Interpretationspfade, dass Aktions- und Demonstrationselemente nicht mehr als 50 % der Stationen ausmachen sollen (Abbildung 3.1). Die klassischen Lehrpfade und Themenwege sowie Interpretationspfade lassen sich weiters in Pfade mit oder ohne interaktive bzw. sensorische Elemente differenzieren. Klassische Lehrpfade oder klassische Themenwege ganz ohne interaktive und sensorische Elemente charakterisieren sich somit durch die rein beschreibende Vermittlung.

Daran schließt aber gleich das nächste Definitionsproblem an. Ab wann ist eine Station beispielsweise interaktiv? So können Tafeln beschreibende wie auch interaktive Komponenten beinhalten. In der Literatur finden sich dazu keine weiterführenden Angaben. Eine Möglichkeit der Differenzierung bietet der erforderliche Zeitaufwand für eine Station: Eine Tafel könnte dann als interaktiv gelten, wenn die Ausübung der interaktiven Handlungen mehr als die Hälfte der Zeit an dieser Station beansprucht.

3.4.1 Lehrpfadtypen aus dem Blickwinkel der Umweltbildung

Die letzten Jahrzehnte brachten tief greifende Änderungen in der Umweltbildung mit sich. Um den jeweiligen Ansprüchen der Gesellschaft an die Umweltbildung gerecht zu werden, entwickelten sich neue pädagogische Konzepte, die sich auch auf die Lehrpfadgestaltung auswirkten. Den vier am weitesten verbreiteten Umweltbildungskonzepten lassen sich auch die vier bekanntesten Lehrpfadtypen zuordnen (Tabelle 3.5).

Tab. 3.5: Konzepte der Umweltbildung und dazugehörige Lehrpfadtypen (verändert nach Eder 2004).

Umweltbildungskonzept	**Lehrpfadtyp**
Rezeptive Wissensvermittlung	Klassischer Lehrpfad (Schilderpfad)
Handlungsorientierte Wissensvermittlung	Lernpfad, interaktiver Lehrpfad
Naturwahrnehmung	Sensorischer Lehrpfad
Ganzheitliche Umweltbildung; nachhaltige Umweltbildung	Naturerlebnispfad

Klassischer Lehrpfad

Megerle (2003, S. 5) definiert einen klassischen Lehrpfad ohne interaktive und sensorische Elemente als einen „angelegten Weg, der dem Besucher über rein rezeptiv aufzunehmende Texte Informationen zu unterschiedlichen Themengebieten vermittelt. Die Texte, teilweise ergänzt durch Bilder und Grafiken, finden sich üblicherweise auf unterschiedlichen Tafelmodellen im Gelände." Die anfängliche Lehrpfadgestaltung in Europa beschränkte sich auf die Benennung und Beschreibung von vorkommenden Pflanzen- und Tierarten entlang eines Wegabschnittes (Ebers et al. 1998). Es zeigte sich jedoch sehr bald, dass die Vermittlung einer reinen Artenkenntnis nicht ausreicht, um die Zusammenhänge und Wechselwirkungen in der Natur zu verstehen (Parz-Gollner 1987) und um Änderungen im Verhalten zu induzieren. Als Reaktion darauf wurde in der Folge verstärkt auf die Beschreibung von einzelnen Arten, deren Gefährdungspotenzial und erforderliche Schutzmaßnahmen sowie auf ökologische Funktionen und Stoffkreisläufe eingegangen. Dies führte aber bei vielen Lehrpfaden zu einer Überfrachtung der Tafeln mit Fachinformationen, die für Laien oft nur schwer verständlich waren. Stichmann (1981) bemerkte, dass viele Lehrpfadnutzer Schwierigkeiten hätten, einen Zusammenhang zwischen den Schilderinhalten und der Umgebung zu knüpfen, und sehr schnell überfordert wären, wenn sie Informationen ausschließlich über Texte aufnehmen sollten. Lang und Stark (2000) sehen ebenfalls Nachteile beim klassischen Lehrpfad, da Erwachsene im Durchschnitt nur zwei bis drei Infotafeln pro Weg lesen würden, mit Schildern kein Spannungsbogen aufgebaut werden könne und auch gut gestaltete Infotafeln für Kinder uninteressant seien.

Ergebnisse einer Evaluation anhand einer verdeckten Beobachtung eines klassischen Lehrpfades im Bayerischen Wald bestätigten dies (Overbeck, zit. in Laux 2002). Lasen die Besucher die erste Tafel meist ganz, überflogen sie die dritte nur noch. Dennoch beurteilte die Mehrheit bei einer anschließenden Befragung den Pfad als informativ, die Länge des Textes wurde kaum kritisiert. Befragt nach dem Inhalt der ersten Station, wusste ein Großteil der Besucher nichts mehr davon. Präsent waren vor allem die Eindrücke einer Skulptur, bei der Baumstämme umgekehrt eingegraben wurden (Altschwager 1997, Laux 2002). Ebers et al. (1998) räumen allerdings ein, dass klassische Lehrpfade nicht grundsätzlich zu verurteilen wären, vorausgesetzt, die wesentlichen Grundsätze der Didaktik und Wahrnehmungspsychologie (Schriftgröße, Textgestaltung, Satzlänge, richtige Materialienwahl ...) würden bei der Planung berücksichtigt.

Lernpfade und interaktive Lehrpfade

Als Antwort auf den Hauptkritikpunkt an den klassischen Lehrpfaden mit ihrer rein rezeptiven Vermittlungsmethode entwickelten sich handlungsorientierte Konzepte, die die aktive Auseinandersetzung der Besucher mit der Natur zum Ziel hatten. Zu Beginn wurde dieser handlungsorientierte Ansatz oft durch Broschüren oder Arbeitsmappen (Schilder- oder Nummernpfad mit Broschüre) vermittelt, die Vorschläge für Beobachtungs-, Schätz- und Suchaufgaben enthielten. Stichmann (1981) prägte bereits Anfang der 1970er Jahre den Begriff „Lernpfad“ für diese Art der Wissensvermittlung. Den Unterschied zwischen klassischem Lehrpfad und Lernpfad sehen Trommer und Stelzig (2000) im belehrenden Charakter des Lehrpfades, bei dem die Besucher die dargebotene Information nur passiv konsumieren. Der Lernpfad hingegen zeichnet sich durch seinen auffordernden Charakter aus und animiert die Besucher zum aktiven Mitmachen (Tabelle 3.6). Als interaktive Lehrpfade bezeichnen Lang und Stark (2000) jene, wo die Informationen nicht direkt zugänglich, sondern an der jeweiligen Station verborgen sind. Über eine Mechanik (Drehen, Klappen ...) können sich die Besucher die Information selber erschließen. Die didaktischen Überlegungen entsprechen jenen des Lernpfades – die Information muss selbständig erarbeitet werden.

Tab. 3.6: Unterschied zwischen klassischem Lehrpfad und Lernpfad
(verändert nach Trommer & Stelzig 2000).

	Klassischer Lehrpfad (Schilderpfad)	Lernpfad / interaktiver Lehrpfad
Charakter	belehrend	auffordernd
Besucher	konsumierend	agierend

Foto 3.15: Einen ungewohnten Blick ins Blätterdach des Auwaldes ermöglichen diese bequemen Liegen am Au-Erlebnisweg Klosterneuburg (Niederösterreich).

Sensorische Lehrpfade

Der aufkommende pädagogische Ansatz der Naturwahrnehmung in der Umweltbildung in den 1980er Jahren führte zur Anlage von sensorischen Lehrpfaden. Der in den beiden ersten Gestaltungskonzepten im Zentrum stehende kognitive Aspekt wird hier durch den affektiven ersetzt. Durch den bewussten Einsatz aller Sinne (tasten, hören, riechen, sehen, schmecken, fühlen) und durch Körpererfahrung soll ein neuer Zugang zur Natur und dadurch zum Naturerleben gefunden werden (Lude 2001). Ausschlaggebend für dieses Konzept war die Erkenntnis, dass größeres Umweltwissen nicht der einzige Faktor sein kann, der zu umweltbewusstem Handeln führt, sondern auch die Emotionen des Menschen Steuerungsmechanismen für sein Verhalten sind (Bögeholz 1999). Sinnliche Wahrnehmung und emotionale Eindrücke sollen positive Gefühle gegenüber der Umwelt wecken und die Basis für die Wissensvermittlung bilden (Beyrich 1998). Mussten sich die vorhergehenden Konzepte oft der Kritik aussetzen, nur kognitive Elemente auf ihren Lehrpfaden anzubieten, trat bei der Anlage von sensorischen Lehrpfaden teilweise genau das Gegenteil auf, indem sie nur die emotionale Ebene in ihr Konzept miteinbezogen. Sowohl Ebers et al. (1998) als auch Lang und Stark (2000) betonen, dass bei der Anlage von Sinnesstationen immer auch die pädagogischen Zielsetzungen des Lehrpfades zu berücksichtigen seien. Ein Barfußweg bleibt ein reines Unterhaltungsmediun und erscheint aus Sicht der Umweltbildung belanglos, wenn er nicht dem Erreichen der definierten Bildungsziele dient.

Naturerlebnispfade

Eine äußerst exakte Definition für einen Naturerlebnispfad findet sich bei Megerle (2003). Sie beschreibt ihn „als Medium der Umweltbildung, das über eine Ansprache verschiedener Sinne und eine interaktive Einbeziehung dem Besucher Naturerlebnisse vermittelt. Hierzu ist es erforderlich, dass jeweils an mindestens drei Viertel der Stationen interaktive Einbeziehungen der Besucher sowie sensorische Anregungen erfolgen" (Megerle 2003, S. 8).

Nach heutigen Erkenntnissen müssen in einer ganzheitlichen Umweltbildung sowohl die affektive, die kognitive als auch die handlungsorientierte Ebene angesprochen werden (Killermann 2000). Ein Lehrpfad, der zu einer ganzheitlichen Umweltbildung beitragen will, muss also sowohl Medien zur Informationsvermittlung auf interaktiver Ebene als auch Elemente zur Naturwahrnehmung enthalten (Beyrich 1998). Er soll informieren, zur Eigenaktivität anregen, zum Nachdenken animieren, den Spieltrieb wecken und eine Wahrnehmung mit allen Sinnen ermöglichen. Naturerlebnispfade können diesen Anspruch sicher am besten erfüllen und stellen nach heutigem Stand der Wissenschaft das „effektivste Lehrpfadkonzept" dar. Krejcarek (2000) sieht einen Naturerlebnispfad als Vermittler, der Zugang zu den Phänomenen eines Natur- und Kulturraumes liefert. Auch die Besucherbetreuer der österreichischen Nationalparks bestätigen, dass klassische Lehrpfade mit ausschließlich rezeptiven Vermittlungsmethoden im Sinne einer erfolgreichen Umweltbildung überholt sind (Anninger 2006). Der erste Naturerlebnisweg, der basierend auf diesen Erkenntnissen konzipiert wurde, entstand im Jahr 1995 im Bayerischen Wald. Zwei Jahre später wurde in Kals am Großglockner der erste Kindererlebnisweg Österreichs eröffnet.

Foto 3.16: Um den Beutefang der Spinne nicht nur anhand einer Informationstafel zu erklären, wurde am Au-Erlebnisweg Klosterneuburg (Niederösterreich) ein Spinnennetz konstruiert: Der Besucher muss versuchen durch die gespannten Seile zu schlüpfen ohne dabei eine der an den Seilen befestigten Glocken zum Läuten zu bringen. Gelingt ihm das nicht, macht er dadurch die Spinne auf sich aufmerksam und wird ihr Opfer. Informationen, die sowohl durch eine textliche Erklärung als auch durch eigenständiges Ausprobieren vermittelt werden, bleiben sicher nachhaltiger im Gedächtnis als bei einer rein beschreibenden Vermittlung.

3.4.2 Lehrpfadtypen aus dem Blickwinkel des Tourismus

In der jüngsten Zeit entstehen immer mehr Lehrpfade aus touristischen Motiven heraus. Initiatoren und Betreiber sind häufig Tourismusverbände und Gemeinden, deren Hauptziel für den Bau eines Lehrpfades nun nicht mehr der Umweltbildungsaspekt, sondern eine Erhöhung der regionalen Wertschöpfung und der Lebensqualität für die lokale Bevölkerung ist. Einige dieser Ziele verfolgt auch der Ökotourismus. Von einem ökotouristischen Angebot spricht man, wenn es einen Aufenthalt in der Natur oder naturnahen Gebieten beinhaltet und wenn es die negativen ökologischen, sozialen, kulturellen und wirtschaftlichen lokalen und regionalen Auswirkungen des Tourismus minimiert (vgl. Baumgartner 2002). Das Schaffen von Einkommen für die lokale Bevölkerung sowie für den Naturschutz und die Sensibilisierung für die Anliegen des Kultur- und Naturschutzes sind dabei wichtige Elemente. Im Ökotourismus nimmt die Umweltbildung daher eine zentrale Rolle ein (Fennel 2002, Weaver 2001). Viele Anbieter im Ökotourismus sehen in Lehrpfaden daher eine Möglichkeit, den Gästen Natur- und Umweltschutz nahezubringen.

Interpretationspfad

Ein in Österreich bisher kaum angewendeter methodisch-didaktischer Ansatz, der eine Erweiterung des touristischen Angebotes vor allem in ländlichen Gegenden verfolgt, ist die Landschaftsinterpretation. Mit der zunehmenden Informationsflut und Distanz zur Natur gewinnen Begegnungen mit der Natur oder Naturphänomenen eine neue Bedeutung. Die Schönheit und die Besonderheiten einer Landschaft, ihr naturschutzfachlicher und kulturhistorischer Wert sollen daher durch einen Interpretationspfad Touristen und Bewohnern nahegebracht werden. Die Landschaftsinterpretation ist vor allem ökonomisch motiviert (Lehnes & Glawion 2000). Sie wird als Beitrag zu einem nachhaltigen ländlichen Tourismus gesehen, indem sie versucht, den ökologischen, sozialen und ökonomischen Gewinn in der Region unter Einbindung der lokalen Bevölkerung zu maximieren und mit höchster Gästezufriedenheit zu kombinieren (Gee 2004). Dies schließt keineswegs aus, dass die Landschaftsinterpretation Beiträge zur Umweltbildung leisten kann (Lehnes & Glawion 2000).

Die Interpretation ist ein internationales Konzept der Informations- und Bildungsarbeit, dessen Wurzeln Ende des 19. Jahrhunderts in den Nationalparks der USA zu finden sind. In Europa spielt Großbritannien eine Vorreiterrolle. Die Interpretation ist ein Bildungsprozess, der, statt nur Faktenwissen weiterzugeben, Bedeutungen und Zusammenhänge durch die Nutzung originaler Gegenstände, durch Erfahrungen aus erster Hand und mit veranschaulichenden Mitteln enthüllen möchte. Die Besucher sollen nicht belehrt, sondern vielmehr berührt und aufgerüttelt werden. Damit wird Verständnis geweckt, ein persönlicher Bezug zu Landschaft und Natur hergestellt und ihr Wert erkannt (Gee 2004, Lehnes & Glawion 2002, Ludwig 2005).

Kennzeichnend für einen Interpretationspfad ist folglich nach Ludwig (2005), dass er entlang einer aus Leitideen bestehenden Themenlinie Beziehungen zwischen den Besuchern und den Phänomenen aufbaut. Als Adressatenkreis ist das Freizeitpublikum zu sehen, womit der Pfad Unterhaltungswert besitzen muss. Eine wichtige Grundlage ist die Absicht, die Neugierde der Besucher zu wecken, diese in ihrer Lebenswelt abzuholen und durch kurze, einfache, spannende und provozierende Texte die Besonderheiten einer speziellen Landschaft herauszuarbeiten und sie miteinander in Zusammenhang zu stellen. Wichtig ist es, einen emotionalen Bezug zur Landschaft aufzubauen, indem die Besucher auf einer persönlichen Ebene angesprochen werden.

Veverka (1994) führt dazu wichtige Verfahren an, die helfen sollen, Kommunikation interpretierend statt ausschließlich informierend zu gestalten:

- Ausrichten an einer zentralen Idee: Der gesamte Pfad ist auf ein übergreifendes zentrales Thema ausgerichtet. Alle Objekte, die interpretiert werden, stehen im Zusammenhang mit dieser Hauptidee.
- Publikum miteinbeziehen: Das präsentierte Thema muss immer wieder einen Bezug zur Lebenswelt und dem Erfahrungshorizont der Zielgruppe herstellen.
- Enthüllen und Entdecken: Durch ungewohnte oder neue Perspektiven wird Altes neu entdeckt, ein Aha-Erlebnis tritt ein.
- Provozieren: Ungewöhnliche Fragestellungen oder Überschriften wecken die Neugierde der Besucher.
- Wiederholen von Schlüsselbegriffen: Wichtige Inhalte des Themas werden aus unterschiedlichen Perspektiven immer wieder angesprochen.

Die verwendeten Medien bei der Konzeption von Interpretationspfaden entsprechen jenen der Lehrpfade der Umweltbildung. Sowohl interaktive und sensorische als auch beschreibende Medien werden bei den Interpretationspfaden eingesetzt. Sie sind aber nicht als Erlebniswege zu sehen. Der Schwerpunkt der Vermittlung liegt auf der Interpretation des Phänomens und so steht der Einsatz von interaktiven und sensorischen Stationen nicht im Vordergrund (Ludwig 2005).

Foto 3.17: Die Verschiedenartigkeit der Betrachtungsweisen einer Landschaft erklärt diese Tafel anhand einer amüsanten Geschichte aus der Dorfchronik von Kals: Ein Pfarrer trifft einen Bergbauern, der auf seiner Wiese arbeitet, und meint: „Schön habt Ihr und der Herrgott dieses Fleckchen Erde bearbeitet." Worauf der Bauer entgegnete: „Ja, aber Ihr hättet die Wiese sehen sollen, als der Herrgott hier noch alleine bauerte." Glocknerspur BergeDenken (Tirol).

Foto 3.18: Gleich neben der Tafel mit der Geschichte kann jeder durch den Schieberahmen selber ausprobieren, wie unterschiedlich Landschaften wirken, je nachdem, ob der Blick mehr auf die Elemente der Natur- oder jene der Kulturlandschaft fokussiert.

Themenwege

Während Interpretationspfade noch einen klaren Bezug zu Umweltbildungszielen haben, werden Themenwege hauptsächlich aus regionalwirtschaftlichen Gründen errichtet. Gerade ländliche, strukturschwache Regionen brauchen Ideen und Attraktionen, um im internationalen Wettstreit der Regionen und der tendenziellen Begünstigung von Ballungsräumen bestehen zu können. Themenwege sind daher, ähnlich den Themenstraßen (Meyer-Cech 2004), Werkzeuge der Regionalentwicklung. Themenwege stellen kulturelle und kulturhistorische Besonderheiten der Region vor.

Für Hey (1993) wird ein Themenweg durch folgende Punkte charakterisiert:

- festgelegter Weg
- bestimmte Anzahl an Stationen
- klare Thematik
- Charakter der Self-Guided-Tour
- Orientierung und Information

Foto 3.19: Am Adalbert Stifter Panoramasteig in Oberösterreich kann man auf den Spuren des Schriftstellers wandern. Grund für die Anlage war die Erweiterung des touristischen Angebotes. Da es in der Gegend viele Besucher aus dem benachbarten Tschechien gibt, wurden die Texte auch in tschechischer Sprache verfasst.

Die verwendeten Medien bei der Gestaltung von Themenwegen sind ident mit jenen Lehrpfaden, deren Ziele in der Umweltbildung liegen. In der Praxis sind jedoch die klassischen Themenwege mit rein rezeptiver Vermittlung am häufigsten anzutreffen (Jungmeier & Zollner 2002a/b, Lang & Stark 2000, eigene Erhebungen). Dieses Ergebnis erstaunt, schließlich sollte doch der Gast aus touristischer Sicht gebunden werden und wiederkommen. Wege mit ausschließlich beschreibender Vermittlung sind ein nicht gerade erlebnisförderndes Mittel.

Ähnlich wie die Bezeichnung Erlebnispfad erlebt auch die Bezeichnung Themenweg derzeit eine inflationäre Nutzung. Obwohl einige Lehrpfade eindeutig Umweltbildungsziele verfolgen, werden sie als Themenweg bezeichnet. Dies liegt vor allem daran, dass der Begriff Lehrpfad bewusst vermieden werden will, da ihm leider nach wie vor ein negatives Image anhängt.

3.4.3 Lehrpfadtypen nach Erlebnisdimensionen

In der Tourismusforschung steht seit rund 20 Jahren der Begriff Erlebnis im Zentrum der Diskussion über eine optimale Angebotsgestaltung (Günther 2006). Mit den Naturerlebnispfaden hat auch der Erlebnisbegriff Eingang in die Umweltbildung gefunden. Erlebnisse entstehen aufgrund des Wechselspiels zwischen dem vom Anbieter inszenierten Angebot, z. B. einem Lehrpfad, und den Besuchern. Erlebnisse beziehen die Besucher auf emotionaler, physischer, intellektueller und/oder sogar spiritueller Ebene mit ein. Erlebnisse sind subjektiv und werden damit von den Besuchern unterschiedlich wahrgenommen.

Nach Pine und Gilmore (1999) spielen die folgenden vier Dimensionen eine Schlüsselrolle in der Entwicklung eines Erlebnisses (siehe Abbildung 3.2):

- Unterhaltung, als soziale Dimension,
- Bildung,
- Ästhetik und
- Flucht aus dem Alltag.

Pine und Gilmore (1999) spannen die vier Dimensionen des Erlebnisraumes zwischen der Art der Beteiligung der Besucher und der emotionalen bzw. kognitiven Ausrichtung des Angebotes auf. Kognitive Angebote zielen auf das Aufnehmen von Information, während emotionale Angebote die Besucher in andere Welten eintauchen lassen. Bei den Dimensionen Unterhaltung und Ästhetik nehmen die Besucher eine passive Rolle ein. Sie sind hier Betrachter, Zuschauer, Publikum, Konsumenten (Freericks & Brinkmann 2006). Hingegen sind sie bei den Dimensionen Bildung und Flucht aus dem Alltag aktiv in das Geschehen eingebunden. Sie drehen an etwas, um sich Informationen zu erschließen, sie testen, springen, heben, spielen.

Pine und Gilmore schreiben der Dimension Flucht aus dem Alltag den höchsten Erlebniswert aus verkaufsökonomischer Sicht zu. Hier werden die Besucher so weit beschäftigt, dass sie ganz in einer Aktivität aufgehen und die Außenwelt ausblenden. Ist dies der Fall, dann spricht man von einem Flow-Erlebnis, wo der Wunsch nach Wiederholung gegeben ist. Die Besucher wollen folglich den Ort der Stimulierung erneut aufsuchen (Hartmann 2006). Mit dem Meistern von Herausforderungen, körperlicher wie geistiger Art, dem Erweitern der eigenen Fähigkeiten und Kompetenzen finden die Besucher Selbstbestätigung und (Erfolgs-)Erlebnisse.

Um der Subjektivität des Erlebens gerecht zu werden, greift ein erfolgreiches Erlebnisangebot daher zwar auf alle vier Dimensionen zurück, betont aber die aktive Einbindung der Besucher und lässt sie über die emotionale Komponente in das Erlebnis eintauchen. Lehrpfade, die spannende Informationen und Geschichten rund um das Leitthema bieten, die mit interaktiven und sensorischen Stationen ausgestattet sind und durch einen schönen Landschaftsraum führen, sind sicherlich Erlebnisangebote, der klassische Lehrpfad oder Themenweg wohl weniger.

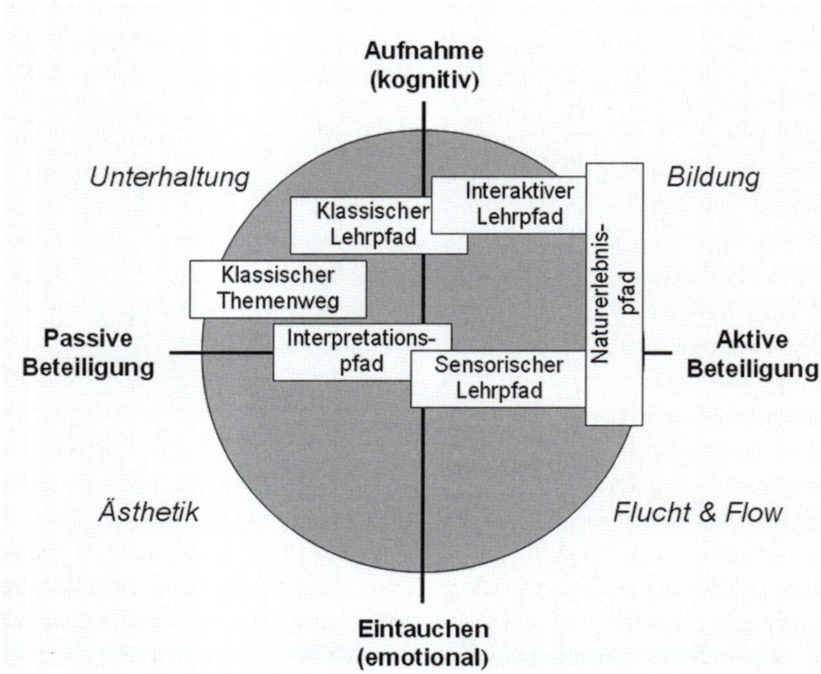

Abb. 3.2: Mögliche Zuordnung der Lehrpfadtypen zu den Dimensionen der Erlebnisgestaltung (vgl. Freericks und Brinkmann 2006).

Je nach Motiv der Betreiber und der eingesetzten Lehrpfadtypen wird natürlich die eine oder andere Dimension der Erlebnisgestaltung im Vordergrund stehen. Aufgrund der Vielgestaltigkeit der Lehrpfade ist eine definitive Zuordnung zu den Erlebnisdimensionen schwierig. Übergänge und Sonderfälle gibt es schließlich immer. Vorausgeschickt sei, dass Natur eigentlich immer ein Erlebnis ist und dass stiller Naturgenuss an sich Flucht aus dem Alltag darstellt (Weichbold & Gutternig 2004). Hin und wieder muss aber nachgeholfen werden.

- Klassischer Lehrpfad: Aufgrund der passiven Rolle der Besucher als Lesende und der kognitiven Komponente findet sich der klassische Lehrpfad, insbesondere jener, der weder interaktive noch sensorische Elemente aufweist, eher im Unterhaltungssektor. Die fehlende emotionale Ansprache und die ebenso fehlende interaktive Wissensvermittlung lassen einen bildungsbezogenen Erfolg bezweifeln. Ein Eintauchen in das Thema und in die Natur findet kaum statt.
- Interaktive Lehrpfade: Aktiv sollen sich die Besucher Informationen erarbeiten, damit diese in der Erinnerung bleiben. Aufgrund des auffordernden Charakters und der kognitiven Ansprache sind interaktive Lehrpfade der Bildungsdimension zuzuordnen.

- Sensorische Lehrpfade: Diese Pfade versuchen über den emotionalen Zugang zu einem Flow-Erlebnis zu führen. Passiv, durch das Erleben von Natur und Landschaft, oder aktiv, durch den Einsatz aller Sinne, sollen die Besucher dem Alltag entfliehen und die Natur aufgrund ihrer Vielfalt schätzen lernen.
- Naturerlebnispfade: Naturerlebnispfade betonen sowohl das Erlebnis als auch den Bildungsaspekt am stärksten. Unter Zuhilfenahme von interaktiven und sensorischen Medien tauchen die Besucher in die Natur ein und nehmen aktiv Informationen über sie auf. Das Bedürfnis, wieder in die Natur zu gehen, bewusst auf Naturgeräusche zu hören und sich mit der Fauna und Flora bewusst auseinanderzusetzen, ist geweckt. Eventuell wird der Naturerlebnisweg wieder aufgesucht und die Inhalte des Naturerlebnisweges können so besser im Gedächtnis verankert werden.
- Themenwege: Für Themenwege empfiehlt sich aus touristischer Sicht die Dimension Flucht aus dem Alltag ins Zentrum zu stellen. Wird das Flow-Erlebnis erreicht, so werden die Besucher versuchen, wiederzukommen. Ein von jedem Tourismusanbietenden erwünschtes Ergebnis. Dies ist jedoch bei der Masse österreichischer Themenwege nicht der Fall, da sie rein auf die rezeptive Vermittlungsmethode setzen.
- Interpretationspfade: Interpretationspfade dienen der Unterhaltung eines Freizeitpublikums. Sie orientieren sich dabei an der ästhetischen Dimension. Sie wollen die Menschen für die Schönheit der Natur und Landschaft faszinieren und ihnen damit den Wert der Landschaft vermitteln. Sie sprechen die Besucher vornehmlich passiv-emotional, nur teilweise auch aktiv, an. Das Flow-Erlebnis ist zwar aus touristischer Sicht erwünscht, um aus den Gästen Stammgäste zu machen, inwieweit es erreicht wird, hängt vor allem von der Umsetzung ab.

4. Die Lehrpfadbesucher

4.1 Besucherzahlen und Besucherstrukturen als Planungs- und Managementgrundlage

Lehrpfade werden nicht um ihrer selbst willen errichtet, sondern als Unterhaltungs- und Bildungsangebot für ihre Besucher. Besucherorientierte Planung sollte daher oberstes Ziel sein. Die Kernfrage lautet somit: Wer besucht Lehrpfade und wie viele Besucher können erwartet werden? Überraschenderweise liegen über die Lehrpfadbesucher kaum repräsentative Erhebungen hinsichtlich ihrer Anzahl, Besuchszeiten, Wünsche, Motive und Erwartungshaltungen vor (Geroldinger 1999, Megerle 2003). Zwar glauben 74 % der Gemeinden in Österreich, Deutschland und in der Schweiz durch ihre Lehrpfade Besucher gewonnen zu haben (Megerle 2002), mit konkreten Zahlen belegen können sie das nicht. Da Besucherzählungen fehlen, kann aber auch nicht behauptet werden, dass Lehrpfade kein Angebot sind, um Gästezahlen zu steigern oder neue Besuchergruppen anzuziehen.

Besucherzahlen leisten eine wichtige Hilfestellung im täglichen Management eines Lehrpfades. Mit ihrer Kenntnis können die Anzahl an zu erstellenden Begleitheften, der Pflegeaufwand, der Bedarf an Erholungsinfrastruktur und Personal, auch in zeitlicher Hinsicht, bestimmt werden. Besucherzahlen zeigen die Erfordernis für ein Marketing an, wenn zu wenige den Lehrpfad besuchen, aber auch für ein Demarketing (Beeton & Benfield 2002), wenn es ihrer zu viele sind. Erhoben über mehrere Jahre, liefern Besucherzahlen den Betreibern Anhaltspunkte über den aktuellen Attraktivitätsgrad des Pfades und über Trends in der Besucherzahlentwicklung.

Besucherzahlen alleine sagen allerdings nichts über den bildungsbezogenen Erfolg eines Lehrpfades aus. Sie geben auch keine Auskunft, inwieweit der Lehrpfad den Hauptgrund für einen Besuch darstellt und wie hoch die regionalökonomischen Effekte sind. Aus Sicht der Betreiber ist aber gerade jene Gruppe von Interesse, die extra wegen des Lehrpfades gekommen ist bzw. für die der Lehrpfad zumindest ein Mitgrund für den Besuch eines Ortes oder einer Region war. Erst Befragungen von Lehrpfadbesuchern liefern hier die entsprechenden Informationen. Sie geben Aufschluss, ob die definierte Zielgruppe erreicht wurde, diese zufrieden ist oder sich Verbesserungsmaßnahmen wünscht. Befragungen lassen Angaben über die Auswirkungen des Lehrpfades auf die regionale Wertschöpfung zu, beispielsweise indem das Ausgabeverhalten der Besucher erfasst wird. Sind die Besucherstrukturen bekannt, kann natürlich auch die Quantität und Qualität der Erholungsinfrastruktur bestimmt werden.

4.2 Besucherzahlen an Lehrpfaden

Die wenigen Studien über Besucherzahlen, zumeist im Rahmen von Diplomarbeiten und Dissertationen erhoben, zeigten, dass die Besucherzahl von Lehrpfad zu Lehrpfad unterschiedlich ist (Tabelle 4.1). Wiener (2003) führte die unterschiedlichen Besuchermengen dreier Lehrpfade des steirischen Naturparks Grebenzen auf die Nähe von Ortszentren und eines Gastronomiebetriebes zurück. Megerle (2003) hingegen registrierte weit höhere Besucherzahlen als Wiener, was sich wohl auch durch ein Mehr an Kurgästen, Touristen und lokaler Bevölkerung im näheren Einzugsbereich des Lehrpfades einer Kurgemeinde im Schwarzwald erklären lässt.

Arnberger und Brandenburg (2002) untersuchten im Rahmen eines Besuchermonitorings im Nationalpark Donau-Auen bei Wien die Frequenzen der Besucher an zwei Au-Lehrpfaden. Sie erhielten nicht nur unterschiedliche Besucherzahlen an den Lehrpfaden, sondern erfassten an einem der Lehrpfade auch unterschiedliche Besuchermengen an den jeweiligen Zählpunkten. Wurden am Beginn des Weges noch durchschnittlich 160 Fußgänger pro Tag gezählt, so waren es am Ende nur mehr 41! Der Großteil der Besucher nutzte den Lehrpfad als Teil ihres Spazierganges entlang der landschaftlich reizvollen Donau. Für die wenigsten war der Lehrpfad selbst das Besuchsmotiv.

Lehrpfade sind Angebote im Außenbereich, weshalb ein Besuch immer stark vom Wetter abhängig ist. Zählungen an einigen, wenigen Stichprobentagen, wie in Tabelle 4.1 angeführt, genügen daher nicht. Verlässliche Erhebungen, wie viele Besucher über ein Jahr oder eine Saison einen nicht eintrittspflichtigen Lehrpfad besuchen, fehlen in Österreich. Eintrittspflichtige Lehrpfade hingegen liefern diese Daten. Basierend auf den verkauften Eintritten konnten für den im Juni 2005 eröffneten Baumkronenweg im oberösterreichischen Kopfing innerhalb weniger Monate 150.000 Besucher registriert werden (Weiß 2005). Eine ganz ähnliche Bilanz kann übrigens der Baumkronenweg im thüringischen Nationalpark Hainich vorweisen. Im selben Jahr eröffnet, konnten ebenfalls rund 150.000 Besucher im ersten Jahr begrüßt werden.

Die in Tab. 4.1 angeführten Zählergebnisse sind hinsichtlich der Anzahl der Erhebungstage natürlich zu gering, um fundierte Aussagen über die erwartbare Besuchermenge an einem Lehrpfad tätigen zu können. Es lassen sich aber dennoch einige Tendenzen ableiten: Lehrpfade, die in ländlichen, eher abgelegenen Regionen errichtet worden sind, werden von bis zu durchschnittlich 50 Besuchern pro Tag aufgesucht. Bei Lehrpfaden in der Nähe von größeren Siedlungen oder jenen, die mit Spielplätzen oder Gastronomiebetrieben ausgestattet sind, liegen die durchschnittlichen Besucherzahlen bei bis zu 200 Besuchen pro Tag. Mit bis zu durchschnittlich 1000 täglichen Besuchen können Lehrpfadbetreiber rechnen, die außergewöhnliche Erlebnisse bieten, wie es bei Baumkronenwegen der Fall ist.

Tab. 4.1: Besucherzahlen von Lehrpfaden ([1]Wiener (2003); [2]Megerle (2003): z.T. nur jede zweite Stunde gezählt, danach interpoliert; [3]Arnberger und Brandenburg (2002): am Wegende; [4]Weiß (2005); [5]Ebers et al. (1998) inkl. Waldspielgelände.

Zielgruppen		**Erhebungstage**	**Zeitdauer der Zählung**	**Durchschnittlich pro Tag**	**Pro Sonntag**	**Pro Werktag**	**Maximaltag**	**Gesamtbesucherzahl an Zähltagen**
Moorlehrpfad Dürnberger Moor[1]	Ö/Stmk.	4	10:00–18:00	11	15	9		44
Wasserschaupfad Gragger-schlucht[1]	Ö/Stmk.	4	10:00–18:00	32	37	29		126
Furtnerteich Rundwan-derweg[1]	Ö/Stmk.	4	10:00–18:00	51	106	32		204
Quellenerlebnispfad Erhebung 2000[2]	D/Bad.-Württ.	k.A.	09:00–20:00		272	>100	272	760
Quellenerlebnispfad Erhebung 2001[2]	D/Bad.-Württ.	k.A.	09:00–20:00		524		524	1286
Waldlehrpfad Orth[3]	Ö/NÖ	4	08:00–18:00	158	294	21	564	630
Au-Lehrpfad Stopfen-reuth[3]	Ö/NÖ	4	08:00–18:00	41	63	20	140	328
Baumlehrpfad Kopfing[4]	Ö/OÖ	137	-	1100	-	-	4000	150000
Naturerlebnispfad im Nationalpark Bay. Wald[5]	D/Bay.	k.A.	k.A.	205	-	-	1000	75000

4.3 Besucherstrukturen an Lehrpfaden

Kenntnisse über die Besucherstrukturen von österreichischen oder deutschen Lehrpfaden liegen bisher nur im Groben vor und wurden, wie die Besucherzahlen, meist im Rahmen von Diplomarbeiten und Dissertationen erhoben. Damit sind die Stichprobengrößen relativ klein und lassen vielfach keine weiterreichenden Schlüsse zu. Forschungsergebnisse über den ideal gestalteten Lehrpfad aus Sicht der Besucher sind ebenfalls kaum vorhanden. Nur in einigen Studien sind vereinzelt Fragestellungen über Erwartungshaltungen und Wünsche an einen Lehrpfad enthalten (Bolz 1999, Geroldinger 1999, Pennwieser 1998). Besuchertypisierungen, wie in anderen Bereichen üblich, zum Beispiel nach Motiven,

Lebensstilen, Erfahrungsgrad mit Lehrpfaden und Einstellungen, als Basis für Planung, Management und Marketing fehlen. Auch warum Menschen keinen Lehrpfad aufsuchen, ist unbefriedigend erforscht. Hier kann also oft nur von allgemeinen Besuchererhebungen aus anderen Bereichen auf die bestmögliche Gestaltung eines Lehrpfades rückgeschlossen werden. Aus den wenigen, bisherigen Befragungs- und Beobachtungsergebnissen (Tabelle 4.2) können folgende Merkmale von Lehrpfadbesuchern abgeleitet werden.

Tab. 4.2: Erhebungen von Besucherstrukturen an Lehrpfaden.

Autor	**Lehrpfad**	**Land/Bundesland**	**Anzahl der Befragten**	**Erhebungsmethodik**	**Besucherstruktur erfasst über Zählungen**
Altschwager (1997)	Naturerlebnispfad im Nationalpark Bay. Wald (1995/96)	D/Bay.	103/ 201	Mündliche Befragung	ja
Böhm (2003)	4 Lehrpfade in Naturparken	Ö/Bgld.	101	Fragebogen ausgelegt	nein
Megerle (2003)	Quellenerlebnispfad Bad Herrenalb (2000/2001/2002)	D/Bad.-Würt.	130/ 116/ 80	Mündliche Befragung	z.T.
Megerle (2003)	Pfad der Sinne Reutlingen	D/Bad.-Würt.	68	Mündliche Befragung	ja
Megerle (2003)	Naturerlebnispfad Hinterzarten	D/Bad.-Würt.	88	Fragebogen ausgelegt	nein
Pennwieser (1998)	Allg. Fragebogen Nationalpark Hohe Tauern	Ö/Tirol	128	Fragebogen ausgelegt	nein
Pennwieser (1998)	Wasserlehrweg St. Jakob Nationalpark Hohe Tauern	Ö/Tirol	83	Mündliche Befragung	nein
Pennwieser (1998)	Kindererlebnispfad Kals Nationalpark Hohe Tauern	Ö/Tirol	44	Mündliche Befragung	nein
Wiener (2003)	Moorlehrpfad Dürnberger Moor	Ö/Stmk.	35	Mündliche Befragung	ja
Wiener (2003)	Wasserschaupfad Graggerschlucht	Ö/Stmk.	45	Mündliche Befragung	ja
Wiener (2003)	Furtnerteich Rundwanderweg	Ö/Stmk.	47	Mündliche Befragung	ja

4.3.1 Alter und Geschlecht

Lehrpfadbesucher sind meist zwischen 40 und 60 Jahre alt. Beispielsweise errechnete Megerle (2003) bei den von ihr befragten Besuchern ein Durchschnittsalter von 51 bis 55 Jahren. Böhm (2003) kam bei seinen Untersuchungen auf ein Durchschnittsalter von 45 Jahren, bei Wiener (2003) waren über 70 % der Befragten älter als 40 Jahre. Jugendliche und die bis zu 40-Jährigen fühlen sich von den bisherigen Themen und Vermittlungsformen anscheinend kaum angezogen.

Bei Lehrpfaden, die explizit auf die Zielgruppe Eltern mit Kindern ausgerichtet waren, konnten auch hohe Anteile von dieser Gruppe beobachtet werden (Altschwager 1997, Pennwieser 1998). So hatte sich beim Kindererlebnisweg im tirolerischen Kals ein Großteil der Eltern vorher über Prospekte, Bekannte oder im Hotel informiert (Pennwieser 1998). Gerade Eltern wollen sich im Vorhinein über kindergerechte Angebote erkundigen und können damit durch gezieltes Marketing angesprochen werden. Die Geschlechterverteilung auf Lehrpfaden ist in etwa ident.

Foto 4.1: Lehrpfade können für Familien ein attraktives Angebot darstellen. Baumkronenweg Kopfing (Oberösterreich).

Foto 4.2: Die jüngeren Generationen sind die unterrepräsentierten Besucher an Lehrpfaden.

4.3.2 Bildungsgrad

Lehrpfadnutzer sind besser gebildet oder besitzen einen pädagogischen Hintergrund (Altschwager 1997, Megerle 2003, Pennwieser 1998). So fragen die besser Gebildeten wiederum Bildungsangebote nach. Allerdings wurden einige dieser Studien in Naturschutzgebieten durchgeführt, wo generell Besucher mit einem höheren Bildungsgrad anzutreffen sind. In einigen Studien (Pennwieser 1998, Wiener 2003) wurde beobachtet, dass das Thema Wasser Besucher mit einem geringeren Ausbildungsgrad anziehen konnte, während Lehrpfade mit Naturschutzthemen eher von höher Ausgebildeten besucht wurden. Folglich kann mit der Themenwahl auch die Besucherstruktur beeinflusst werden.

4.3.3 Aktivitäten der Besucher

Da Besucher aus unterschiedlichsten Motiven einen Lehrpfad besuchen, sind auch die ausgeübten Aktivitäten vielfältig. Wiener (2003) stellte beispielsweise bei ihren Erhebungen fest, dass zwar 81 % der beobachteten Personen wanderten, aber auch 12 % einen Spaziergang mit ihrem Hund unternahmen und 7 % den Weg des Lehrpfades als Joggingstrecke nutzten.

Gerade siedlungsnahe Lehrpfade werden verstärkt für Freizeitaktivitäten des Alltags genutzt. Der Anteil an Joggenden, Nordic Walkern, Radfahrern und Hundeausführenden ist bei diesen Pfaden sehr hoch. Personen, die den Pfad als Jogging- und Radstrecke benutzen, werden die Lehrpfadstationen wohl kaum angemessen wahrnehmen und schnelle Nutzergruppen wie Radfahrer können für die tatsächlichen Lehrpfadbesucher sogar ein Ärgernis darstellen.

4.3.4 Lehrpfade als Destination

Die Spannbreite des Anteils der Befragten, für die der Lehrpfad das Hauptbesuchsmotiv oder zumindest ein Mitbesuchsgrund war, schwankte bei den Untersuchungen beträchtlich. Beispielsweise stellte Megerle (2003) fest, dass zwar 23 % der Befragten extra wegen des Erlebnisweges gekommen waren, dennoch aber 17 % diesen als Teil ihres üblichen Spazierweges nutzten. Gar 59 % waren nur zufällig da. Ähnliche Ergebnisse erzielte Geroldinger (1999) bei seinen Erhebungen über einen Waldlehrpfad. Böhm (2003) ermittelte, dass nur für 6 % der in vier burgenländischen Naturparks Befragten der Lehrpfad den Hauptbesuchsgrund darstellte, für immerhin 19 % war der Lehrpfad aber ein Mitbesuchsgrund.

Noch geringere Anteile an Befragten, für die der Lehrpfad das Hauptbesuchsmotiv war, erhielten Altschwager (1997), Megerle (2003), Pennwieser (1998) und Wiener (2003). Im ersteren Fall wusste ein Großteil der Befragten vor ihrem Besuch im Nationalpark Bayerischer Wald nichts vom Naturerlebnisweg, im zweiten Fall handelte es sich um einen Lehrpfad in einem Vorstadtpark, wo nur 4 % den Lehrpfad als Besuchsmotiv nannten. Im dritten Falle führten an beiden Lehrpfaden nur rund 5 % der Befragten das Bildungsinteresse als Motiv an, während der Familienausflug, das Spazierengehen und der Naturgenuss die Hauptbesuchsmotive darstellten. Im letzten Fall wurde von ca. 10 % der Befragten das Motiv des Bildungsinteresses angeführt.

Somit sind die Lehrpfadbesucher häufig keine Lehrpfadbesucher im eigentlichen Sinne, da sie nicht wegen des Lehrpfades kommen, sondern diesen nur zufällig auf ihren Wanderungen entdecken oder im Rahmen der Ausübung sportlicher Aktivitäten besuchen. Oftmals werden Lehrpfade an einem existierenden Wanderwegenetz errichtet, welches von Touristen und/oder lokaler Bevölkerung schon bisher genutzt wurde. Folglich steht bei dieser traditionellen Besuchergruppe das Bildungsinteresse nicht im Vordergrund.

Während ein Großteil der Betreiber annimmt, dass sie mit ihrem Lehrpfad neue Besuchergruppen anlocken (Megerle 2003), belegen obige Ausführungen, dass in vielen Fällen nur eine Minderheit extra wegen eines Lehrpfades eine Region oder einen Ort aufsucht. Auch schätzen die Lehrpfadbetreiber den Anteil der Besucher, die aus Bildungsinteresse kommen, weit höher ein, als dies durch die bisherigen Besucherbefragungen belegt werden konnte (Geroldinger 1999). Der Anteil an Befragten, für die der Lehrpfad einen Mitbesuchsgrund darstellt, ist allerdings relativ hoch, und in einigen Beispielen waren Lehr-

Foto 4.3: Viele Besucher siedlungsnaher Lehrpfade kommen nicht wegen des Lehrpfades, Naturlehrpfad Obere Lobau (Wien).

pfade sogar die meistbesuchte Einrichtung von Schutzgebieten (Böhm 2003, Pennwieser 1998).

Dies dokumentiert, dass Lehrpfade zwar ein wichtiger Mosaikstein im touristischen und umweltbildungsbezogenen Gesamtangebot einer Einrichtung oder Region sind, sie aber die Funktion als alleinige Hauptattraktion häufig nicht erfüllen können. Dazu bedarf es eines außergewöhnlichen Erlebnisangebotes, wie es zum Beispiel Baumkronenwege sind, und eines Marketings, damit die gewünschte Zielgruppe überhaupt von der Existenz eines Lehrpfades Kenntnis erlangt.

Der Anteil an Besuchern, für die der Lehrpfad das Ausflugsziel darstellt, ist stark vom Umfeld geprägt. Je näher der Lehrpfad an einem Siedlungsraum liegt, desto geringer ist der Anteil an Besuchern, für die er ein Besuchsmotiv ist. Gleichzeitig kann aber ein Pfad, der an einem stark begangenen Weg angelegt wird, sehr wohl auch seine umweltbildungsbezogene Aufgabe erfüllen, wie Megerle (2003) herausfand: Immerhin 79 % der zufälligen Besucher eines Quellenerlebnispfades gaben an, die Tafeln des Lehrpfades beachtet zu haben. Megerle zeigt damit, dass auch zufällige Besucher das Angebot eines Lehrpfades sehr wohl in Anspruch nehmen.

Die bisherigen Untersuchungen zeigen weiters, dass eigentlich nur ein relativ kleines Segment der Bevölkerung bewusst Lehrpfade besucht. Dies sind die Älteren, höher Gebildeten und Einkommensstärkeren. Auffallend gering war der Anteil an Jugendlichen. Die angebotenen Themen und Vermittlungsformen treffen anscheinend nicht die Interessen und den Geschmack der jüngeren Generation. Bedenklich erscheint diese Entwicklung vor allem vor dem Hintergrund einer fortlaufenden Naturentfremdung. Gerade der jungen Generation fehlt es oft an den elementarsten Kenntnissen und Erfahrungen für eine engere Naturbeziehung. Gleichzeitig nimmt die Neigung für das Wandern und Bergsteigen weiter ab, und für das Spazierengehen ist ein Walkman oder ein MP3-Player inzwischen obligatorisch (Brämer 2006). Damit Lehrpfade nicht den Ruf bekommen, nur für eine „elitäre" Schicht da zu sein, und um sich eine neue Klientel zu erschließen, sind innovative Konzepte und originelle Themen gefragt. Da technologiebasierte Medien bei den Heranwachsenden „in" sind, bietet es sich an, diese Begeisterung auszunützen und Medien wie Mobiltelefone, GPS-Geräte oder Taschen-PCs bei der Konzeption von Lehrpfaden zu berücksichtigen.

5. Die Lehrpfadsituation in Österreich

Dieses Kapitel gibt einen groben Überblick über die derzeitige Lehrpfadsituation in Österreich. Die Daten, auf die sich die nachfolgenden Auswertungen stützen, basieren auf einer Internet- und Literaturrecherche (Wanderführer, Diplomarbeiten, Begleitbroschüren ...), etlichen Vor-Ort-Besichtigungen sowie den aktuellen Einträgen des Lehrpfade-Portals auf der Homepage des Lebensministeriums (lehrpfade.lebensministerium.at). Die Datensammlung erhebt nicht den Anspruch einer flächendeckenden Erhebung.

5.1 Anzahl der Lehrpfade

Die Zahl der Lehrpfade in Österreich hat, beginnend vom Bau der ersten Lehrpfade in den 1960er Jahren, bis heute stetig zugenommen. Schätzte Parz-Gollner (1987) im Jahr 1986 deren Anzahl auf knapp 200, so konnten im Jahr 2006 Daten von 690 Lehrpfaden erfasst werden. Zu einer verstärkten Errichtung von Lehrpfaden kam es vor allem ab 1998. Die meisten Lehrpfade sind in der Steiermark zu finden, gefolgt von Nieder- und Oberösterreich (Tabelle 5.1). Diese mengenmäßige Verteilung entspricht in etwa den Ergebnissen von Parz-Gollner (1987), die bei ihrer Erhebung die meisten Lehrpfade in Niederösterreich und der Steiermark registrierte. Naturgemäß hat Wien aufgrund der kleinen Flächengröße die wenigsten Lehrpfade.

Tab. 5.1: Prozentueller Anteil der Lehrpfade nach Bundesland (N=690).

Bundesland	**Anteil**
Steiermark	19,7%
Niederösterreich	17,1%
Oberösterreich	17,1%
Salzburg	14,9%
Kärnten	10,9%
Tirol	10,0%
Vorarlberg	4,5%
Burgenland	4,5%
Wien	1,3%
Gesamt	100,0%

Wird die Anzahl der Lehrpfade jedoch auf die Größe des jeweiligen Bundeslandes bezogen, ergibt sich für die daraus entstehende Dichte an Lehrpfaden ein anderes Bild (Abbildung 5.1). Die größte Dichte an Lehrpfaden in Österreich findet sich nun in Wien, gefolgt von Vorarlberg, Oberösterreich und Salzburg.

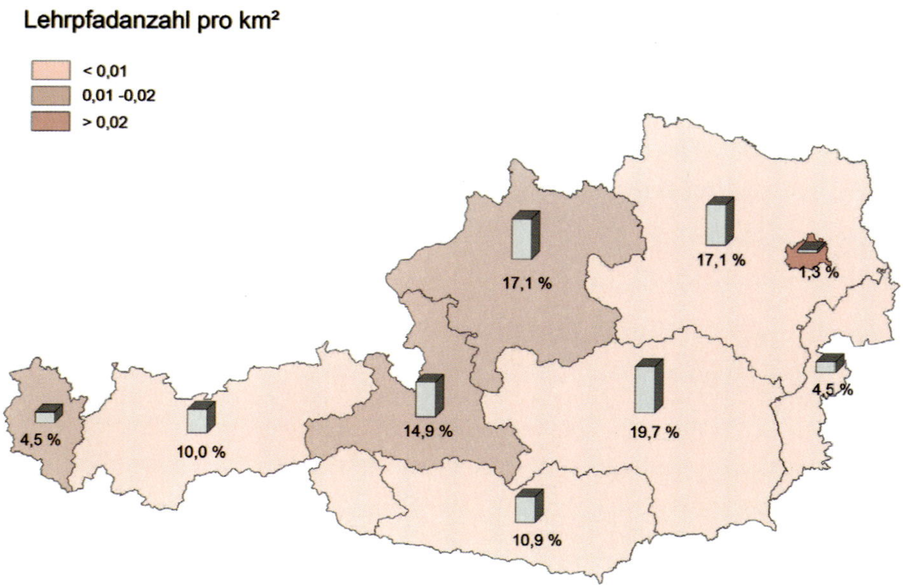

Abb. 5.1: Prozentueller Anteil der Lehrpfade nach Bundesland und Lehrpfaddichte in Österreich bezogen auf die Bundeslandfläche (N=690).

5.2 Lehrpfadthemen

Fast die Hälfte der rund 700 Lehrpfade befasst sich mit den Themen Natur und Wald (ca. 48 %), gefolgt von Beschreibungen der Kulturlandschaft und kulturhistorischen Themen. Seltener angesprochen werden Astronomie, Bergbau oder Industrie (Tabelle 5.2).

Tab. 5.2: Anteil der Lehrpfade nach Thema (N=690).

Themen	Anteil
Natur (inkl. Wald, Wasser)	47,8%
Kulturlandschaften	17,1%
Kultur, Literatur, Geschichte	11,0%
Sinne und Gesundheit	10,1%
Geologie	8,6%
Astronomie	1,2%
Bergbau und Industrie	4,2%
Gesamt	100,0%

Sehr unterschiedlich gestaltet sich das Themenspektrum innerhalb der Bundesländer (Abbildung 5.2). Mit Ausnahme des Burgenlandes dominiert in allen Bundesländern das Thema Natur, insbesondere in Tirol, Vorarlberg und Wien. Sowohl burgenländische als auch niederösterreichische Lehrpfade präsentieren häufig Themen, die sich auf die Kulturlandschaft beziehen, wobei hier besonders viele Weinlehrpfade zu finden sind. Geologische Themen hingegen sind anteilig in Kärnten stark vertreten. Im Burgenland und in der Steiermark befasst sich ein relativ hoher Anteil der Lehrpfade mit Kultur, Literatur und Geschichte. Lehrpfade über den Bergbau und die Industrie haben in Oberösterreich, Salzburg und in der Steiermark einen höheren Anteil am Gesamtangebot.

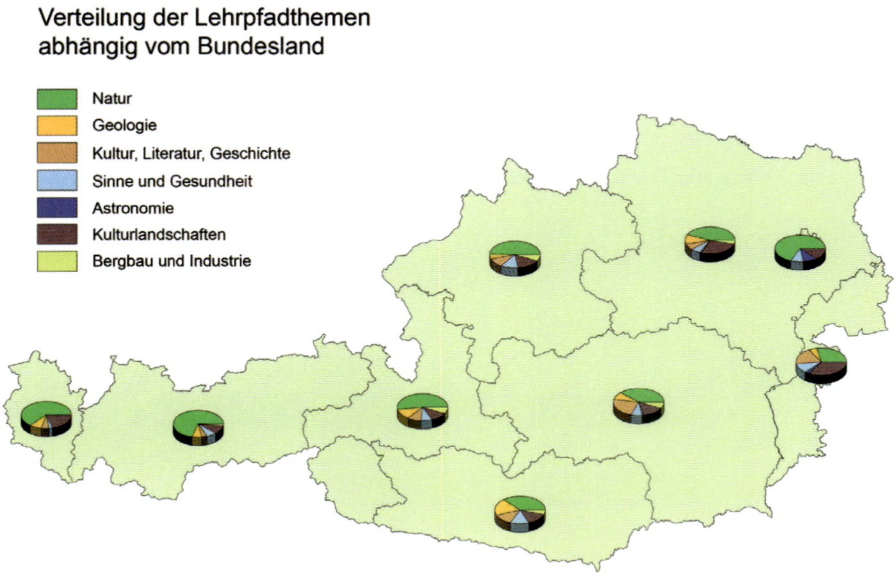

Abb. 5.2: Relative Verteilung der Lehrpfadthemen nach Bundesland (N=690).

Fokussierten die ersten Lehrpfadbetreiber fast ausschließlich auf den Wald und die Natur, so zeichnete sich insbesondere in den letzten Jahren eine starke Aufweitung des Themenspektrums ab (Abbildung 5.3). Vor allem der Wald hat kontinuierlich an Attraktivität verloren, während geschichtliche Themen sowie Kultur und Literatur an Bedeutung gewinnen konnten. Astronomische Lehrpfade sind erst ein Thema der letzten Dekade.

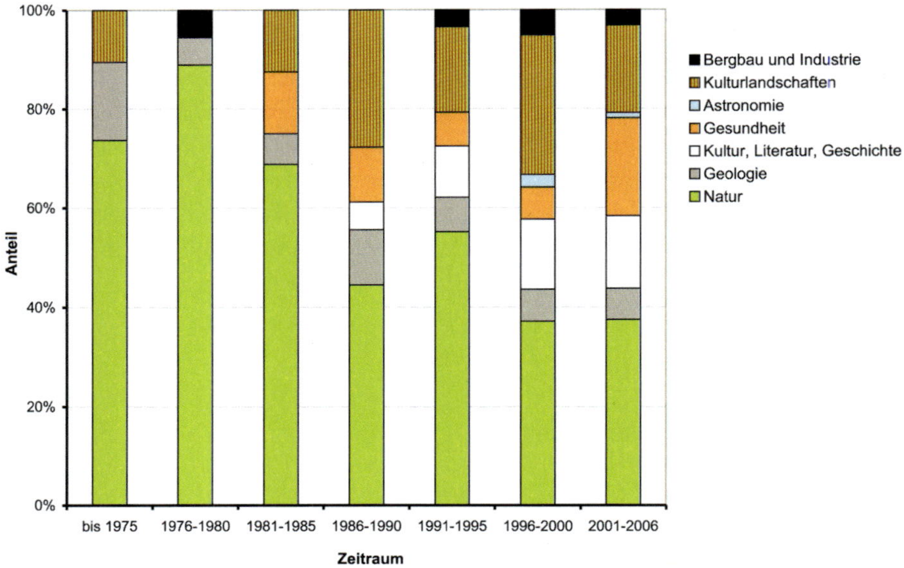

Abb. 5.3: Entwicklung des Themenspektrums im Laufe der letzten vier Jahrzehnte (N=177).

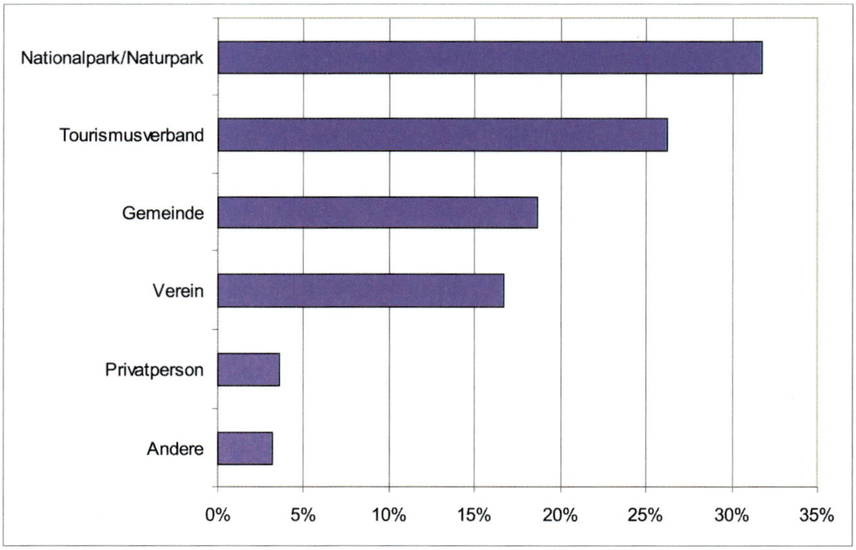

Abb. 5.4: Anteil der Lehrpfadbetreiber (N=252).

5.3 Lehrpfadbetreiber

Viele unterschiedliche Institutionen wie beispielsweise Tourismusvereine, National- oder Naturparks, aber auch Privatpersonen zählen zu den Betreibern von Lehrpfaden in Österreich (Abbildung 5.4). An erster Stelle stehen hier Einrichtungen aus dem Naturschutz, gefolgt von Tourismusorganisationen, wie regionale Tourismusverbände oder Ferienregionen. Weitere Betreiber sind Gemeinden, Privatpersonen, Vereine, Bergbahnen, Schulen, Gasthäuser, Kurverwaltungen, religiöse Institutionen und Firmen.

5.4 Lehrpfadtyp und eingesetzte Medien

Über die Hälfte der im Lehrpfade-Portal erfassten Lehrpfade werden seitens der Betreiber unter dem Begriff „Lehrpfad bzw. Themenweg" geführt (Abbildung 5.5). 23 % sehen ihren Pfad als Erlebnispfad, jeweils 7 % als interaktiven bzw. sensorischen Pfad und 8 % als Nummernpfad mit Broschüre.

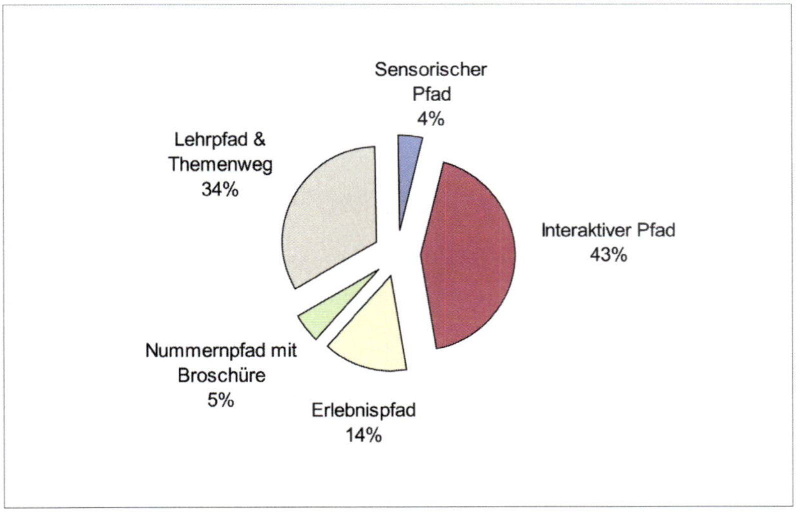

Abb. 5.5: Lehrpfadtypen aus Sicht der Betreiber (N=252).

Ein Großteil der Lehrpfade (87 %) verfügt über Informationstafeln, wodurch bestätigt wird, dass Schilder nach wie vor das mit Abstand am häufigsten eingesetzte Medium sind. 17 % der Pfade präsentieren ihre Inhalte ausschließlich auf Informationstafeln und stellen somit den klassischen Lehrpfad dar (Tabelle 5.3). Bei knapp 5 % der Pfade erhalten die Besucher die notwendigen Informationen nur aus der angebotenen Broschüre, bei 50 %

ergänzen Broschüren die Informationstafeln. Es hat sich allerdings gezeigt, dass der Begriff Broschüre von den einzelnen Betreibern sehr unterschiedlich definiert wird: Kleine Bücher mit rund 50 Seiten fallen ebenso darunter wie zweiseitige Faltblätter.

Bei jedem dritten Lehrpfad haben die Besucher die Möglichkeit, an einer Führung teilzunehmen. Dieser hohe Wert ist sicherlich auch auf den großen Anteil von Naturschutzinstitutionen unter den Betreibern zurückzuführen, die traditionellerweise Führungen anbieten. Bei je einem Viertel der Pfade kommen interaktive oder sensorische Stationen zum Einsatz, meist gemeinsam mit Informationstafeln. Eine Kombination aller drei Medien – Informationstafeln, interaktive und sensorische Stationen – findet man nur auf 16 % der Pfade.

Tab. 5.3: Anteil der Informationsmedien (N=252).

Eingesetzte Medien	Anteil alleiniger Einsatz	Anteil kombinierter Einsatz
Informationstafeln	17,1%	87,3%
Broschüren	4,8%	50,4%
Führung	0,0%	35,3%
Interaktive Stationen	0,0%	28,2%
Sensorische Stationen	0,4%	25,0%
Modelle	0,4%	19,4%
Mobiler Rucksack	0,0%	1,6%

5.5 Weglänge und Wegart

Die Weglänge der österreichischen Lehrpfade schwankt beträchtlich, nämlich zwischen 100 m und 46 km. Die Durchschnittslänge liegt bei 4,6 km und 50 % der Wege sind kürzer als 3,5 km. Der 46 km lange Lehrpfad wurde als Radweg angelegt. Die am häufigsten angegebene Weglänge liegt bei 3 km, was in etwa den Vorschlägen in der Literatur (Erdmann 1975, Lang & Stark 2000, Zimmerli 1980) entspricht, wo eine Strecke von 2 bis 4 km als optimal angeführt wird. Untersuchungen in Deutschland zeigten ähnliche Weglängen. Megerle (2003) erhob bei ihren Untersuchungen Weglängen zwischen 500 m und 7 km, wobei die durchschnittliche Weglänge zwischen 2 und 3 km lag.

Die durchschnittlich längsten Lehrpfade finden sich in Oberösterreich mit 6,2 km, gefolgt von der Steiermark mit 5,2 km. Die kürzesten hingegen gibt es im Burgenland mit 2,6 km und in Wien mit 2,4 km. Lehrpfade zum Thema Geologie zählen mit einer durchschnittlichen Weglänge von 6 km zu den längsten. Die kürzeste durchschnittliche Weglänge mit nur 3,3 km haben Lehrpfade, die die Themen Sensibilisierung der Sinne und Gesundheit präsentieren.

Rund 65 % der Lehrpfade sind in einem Rundkurs angelegt. Obwohl Besucher bei einem Zielweg meist gezwungen sind wieder zum Ausgangspunkt zurückzugehen, sind

Zielwege im Durchschnitt nur um ca. 0,5 km kürzer. Einschränkend sei hier angeführt, dass sich unter den Zielwegen viele Wander- und Hochgebirgswege finden, die damit eine Zielgruppe ansprechen, die es gewohnt ist, längere Wegstrecken zurückzulegen. Während in Wien mit 33 % der Anteil an Rundwegen gegenüber Zielwegen relativ niedrig ist, zeigen die restlichen Bundesländer, insbesondere Oberösterreich mit über 80 %, einen sehr hohen Anteil an Rundwegen.

5.6 Anzahl der Stationen

Nicht einmal die Hälfte der erhobenen Lehrpfade (47 %) besitzt eine Eingangstafel, obwohl diese eigentlich eine Grundvoraussetzung für jeden guten Lehrpfad sein sollte.

Im Durchschnitt bauen sich die erhobenen Lehrpfade aus 13 Stationen auf. Nach Zimmerli (1980) sollte die Anzahl an gestalteten Stationen zwischen 12 und 15 liegen, Lang und Stark (2000) schlagen eine Anzahl zwischen 10 und 20 bis maximal 25 Stationen vor. So entspricht die Anzahl der Stationen österreichischer Lehrpfade in etwa den Empfehlungen aus der Literatur. Basierend auf der durchschnittlichen Weglänge und der Stationsanzahl steht auf den Lehrpfaden alle 350 m eine Station. Ein Vergleich mit älteren Literaturangaben, wo ein Abstand von 40 bis 70 m zwischen den Einzelstationen vorgeschlagen wird (Erdmann 1975) – dies würde eine Anzahl von 30–50 Stationen auf 2 km Weglänge bedeuten – zeigt, dass bezüglich der Idealanzahl an Stationen für Lehrpfade eine deutlich positive Veränderung stattgefunden hat. Ein statistischer Zusammenhang zwischen Weglänge und Anzahl der Stationen konnte nicht festgestellt werden. Geologische Lehrpfade weisen mit 19 Stationen die höchste durchschnittliche Stationsanzahl auf, Naturlehrpfade bestehen hingegen aus durchschnittlich 11 Stationen.

5.7 Eintritte

Nur bei 4 % der erfassten Lehrpfade ist ein Eintritt zu bezahlen. Dies belegt, dass das Bild vom Lehrpfad, der für alle frei benutzbar sein soll, nach wie vor weit verbreitet ist. Die Spannbreite der Eintritte reicht von 1 Euro bis zu 16 Euro, das Mittel liegt bei 6 Euro. Bei den teureren Eintritten ist häufig der Transport (Seilbahn, Traktor) inkludiert. Bei einigen Lehrpfaden, meist im alpinen Bereich, wird eine Parkplatzgebühr eingehoben.

6. Quer durch Österreich – Beschreibung ausgewählter Lehrpfade

6.1 Auswahl, Beschreibung und Analyse

Das folgende Kapitel ist ein Streifzug durch die Vielfalt der österreichischen Lehrpfadlandschaft. Die über 30 ausgewählten Lehrpfade repräsentieren sowohl die derzeit in Österreich vorhandenen Lehrpfadtypen, der klassische Lehrpfad findet daher ebenso Eingang wie der Themenweg und der nach neuesten didaktischen Richtlinien konzipierte Naturerlebnispfad, als auch die Fülle an unterschiedlichen Themen, die mittlerweile auf Lehrpfaden zu finden sind wie Wein, Astronomie oder Märchen.

Der Sinn der Beschreibungen liegt nicht in einer Kritik der ausgewählten Lehrpfade oder in einer Beurteilung dieser durch ein fixes Punktesystem, um abschließend in gute und schlechte Lehrpfade zu differenzieren. Vielmehr werden die Stärken und Schwächen eines Pfades, bezogen auf die Originalität der Themenwahl und die Umsetzung, herausgearbeitet und eventuelle Verbesserungsvorschläge angeführt.

Die Dokumentation gibt aber nicht nur einen Überblick über die Mannigfaltigkeit an bereits vorhandenen Lehrpfaden, sie liefert auch Anregungen für die Gestaltung von neuen, zeigt Fehler auf, die bei künftigen Planungen vermieden werden können, und macht Lust auf einen Besuch. Da es kein Patentrezept für den perfekten Lehrpfad gibt, hat sich in der Praxis der Blick über den eigenen Tellerrand immer bewährt. Sei es in Form von Besuchen, Besichtigungen oder dem Studium von anderen Lehrpfaden, um sich damit Anregungen zu holen und sich zu neuen Ideen inspirieren zu lassen.

Um einen aussagekräftigen Querschnitt bieten zu können, wurden in den Jahren 2005 und 2006 zahlreiche Lehrpfade vor Ort besichtigt und standardisiert aufgenommen. Die Auswahl der besichtigten Pfade erfolgte nach folgenden Kriterien:

- Thema
- Umsetzung des Themas
- Zielgruppe, an die sich der Pfad richtet
- Betreiber des Lehrpfades
- Alter der Einrichtung
- Bundesländerstreuung

Die Erfahrungen und Erlebnisse bei den Aufnahmen waren unterschiedlich: Manch ein Lehrpfad erwies sich als Volltreffer und erfüllte alle Erwartungen bezüglich Aufbereitung und Umsetzung des Themas, andere wiederum enttäuschten in der Umsetzung bzw. Pflege oder arteten in Orientierungsläufe aus. Einige waren erst gar nicht aufzufinden. Alles in allem bestätigten die Erhebungen, dass die österreichische Lehrpfadlandschaft zweifellos sehr abwechslungsreich ist, sei es durch die Wahl des Themas, der eingesetzten Medien, die Art und Qualität der Präsentation oder aber auch durch die Institution, die den Lehrpfad betreibt. Ein Großteil der Themen wird aber immer noch anhand von beschreibender Vermittlung und Schildern präsentiert. Die Angaben von Jungmeier und Zollner (2002a) und Lang und Stark (2000), die dies bei ihren Erhebungen ebenfalls feststellten, können damit bestätigt werden.

Die im Folgenden dargestellten Lehrpfade sind jeweils einem Hauptthema zugeordnet, wobei bei manchen Pfaden die eindeutige Zuordnung schwerfällt, da sie mehrere Themen gleichzeitig ansprechen. Am Beginn wird der Inhalt des Lehrpfades kurz beschrieben, dann die wichtigsten Kenndaten genannt und den Abschluss bildet eine Analyse hinsichtlich des Themas und der Umsetzung, des Aufbaus der Stationen und der Eignung des Pfades für die definierte Zielgruppe. Daran schließt jeweils eine Übersichtstabelle mit einer Auswahl von weiteren österreichischen Lehrpfaden zu diesem Thema an – diese Daten wurden großteils aus dem Lehrpfade-Portal übernommen. Die Aufzählung entspricht daher keiner flächendeckenden Erhebung aller Lehrpfade Österreichs. Die Beschreibung der Pfade bezieht sich klarerweise immer auf den Zeitpunkt der Besichtigung.

Erklärung der Symbole, die bei der Beschreibung der Lehrpfade verwendet werden:

Eingesetzte Medien:	Ausstattung und Pflege:
Informationstafel	○ nicht gegeben, nicht vorhanden
? interaktive Installationen	◖ gegeben, vorhanden
sensorische Installationen	● sehr gut
Broschüre	n.n.: nicht notwendig (betrifft inneres Wegeleitsystem bei Pfaden, die nur eine Wegoption zulassen)
Modelle	
Führungen	
Logos für die Hauptthemen:	
Natur	Kunst und Kultur
Wald	Mythologie, Religion
Wasser	Gesundheit
Geologie	Astronomie
Kulturlandschaft, Bergbau	Sensibilisierung der Sinne
Geschichte	

6.2 Beschreibung der Lehrpfade

6.2.1 Natur

3-Seen-Rundweg auf der Turracher Höhe — Kärnten

Kurzbeschreibung:

Die Landschaft mit allen Sinnen genießen ist das Motto des 3-Seen-Rundweges. Der fast ebene Pfad verbindet den Turracher See, den Grünsee und den Schwarzsee und verläuft durch die beeindruckende, alpine Landschaft der Turracher Höhe mit Zirbenwäldern und einem Hochmoor. Informationstafeln erzählen Wissenswertes über den Naturraum, die dort vorkommenden Tier- und Pflanzenarten und weihen die Besucher in das Geheimnis des Schwarzen Goldes der Turrach ein. Sie erfahren, dass Pflanzen auch Insekten jagen können, und warum für Flechten eine Scheidung nicht in Frage kommt. Außerdem lernen sie den Tannenhäher, der die Rolle des Försters im Zirbenwald übernimmt, kennen. Große Holzskulpturen helfen durch verschiedene Übungsanleitungen beim „Öffnen der Sinne" und dem ganzheitlichen Erfahren der Landschaft. Besonders im Herbst, wenn sich die Blätter zu verfärben beginnen, ist diese Wanderung ein wahrer Genuss fürs Auge.

Foto 6.1: Imposante Holzskulpturen symbolisieren die sensorischen Stationen. Übungen animieren zum sinnlichen Erfahren der Landschaft.

Aufbau des Lehrpfades:

Weglänge:	ca. 7 km; Rundweg, Abkürzungsmöglichkeiten vorhanden
Lehrpfadtyp:	Sensorischer Lehrpfad
Art der Vermittlung:	beschreibend, sensorisch
Medien zur Vermittlung:	

Ausstattung und Pflege:

Äußeres Wegeleitsystem	●
Erholungsinfrastruktur	●
Inneres Wegeleitsystem	●
Touristisches Angebot	●
Eingangstafel	◖
Pflegezustand	●

Ausgangspunkt:

Turracher Höhe (1800 m Seehöhe), Parkplatz Kornock Bahnen

Information:

Tourismusverein und Bergbahnen Turracher Höhe,
8864 Turracher Höhe, www.turracherhoehe.at

Analyse:

Thema und Umsetzung:

Der Pfad beschreibt die naturräumlichen Gegebenheiten auf der Turracher Höhe. Er zählt somit zu den häufig vorkommenden Lehrpfaden mit Naturthemen. Die Umsetzung der Inhalte und die Formulierung der Texte bei den einzelnen Stationen sind gut gelungen, auch die Erklärungen gestalten sich originell. Die Inhalte, die entlang des Weges angesprochen werden, beziehen sich auf die Gegebenheiten vor Ort. Durch die Verknüpfung von beschreibender Vermittlung und sensorischen Anregungen wird aus dem an und für sich als klassischen Lehrpfad aufgebauten Weg ein sensorischer Pfad, der die Besucher durch die Aufforderung zum bewussten Hören, Fühlen, Schauen, Atmen und Greifen aktiv miteinbezieht.

Die Informationen werden auf Pulttafeln präsentiert, die sich ins Landschaftsbild integrieren und eine freie Sicht auf die jeweils beschriebenen Objekte erlauben. Die Baumstämme als Trägergestell und der Holzrahmen für die Tafel passen zum Thema und in die Umgebung. Die grafische Gestaltung ist übersichtlich, die Texte lebhaft formuliert und informativ. Überschriften wie „Zirbe – Wanderung mit Hindernissen", „See oder Land – wer wird siegen" oder „Flechten – Hochzeit für Jahrhunderte" machen neugierig auf die nachfolgenden Erklärungen. Zum jeweiligen Sinnesorgan passende Holzskulpturen, auf denen eine Tafel mit den Übungsanregungen befestigt ist, laden zum Mitmachen ein. Der Pfad hat ein ansprechendes Corporate Design, welches Tafelform, Textgestaltung und Material umfasst. Die kreative Formulierung der Texte, die Übungsanleitungen zum sinnlichen Wahrnehmen der Umgebung, verbunden mit

Foto 6.2: Die optisch ansprechende und gut in die Landschaft integrierte Pulttafel erklärt, warum die wilde Ehe von Pilzen und Algen über Jahre hinweg so reibungslos funktioniert.

der beeindruckenden landschaftlichen Kulisse, machen den Besuch des Pfades zu einem Erlebnis.

Zielgruppe:

Der Pfad richtet sich an die Zielgruppe der Familien, wobei die Art der Aufbereitung des Themas eher Erwachsene anspricht als Kinder. Für ambitionierte Eltern, die mit ihren Kindern die Inhalte der Stationen besprechen und sie für die Wahrnehmungsübungen begeistern, ist der 3-Seen-Rundweg dennoch ein schönes Ausflugsziel. Nicht zuletzt auch wegen der alpin+art+gallery, in der die größten Bergkristalle der Welt bestaunt werden können, und mehrerer Einkehrmöglichkeiten entlang des Weges.

1. Österreichischer Natur- und Umwelterlebnispfad

Steiermark

Kurzbeschreibung:

Kinder lernen auf diesem Rundweg gemeinsam mit „Kali dem Ramsaurier" den Wald und seine Bewohner kennen. An 15 Stationen entdecken sie in unterhaltsamer und spielerischer Weise die Natur. Kali erklärt, wie aus kleinen Meerestieren mächtige Berge entstanden sind, und wie der Mensch mit den Wildtieren zusammenleben kann. Informationen gibt es auch zur Gesundheitspolizei des Waldes, den Waldameisen, und zur kleinen Meise, die 18 Stunden wach bleiben kann, ohne müde zu werden. Entlang des Pfades, der hauptsächlich durch den Wald führt, finden sich genügend Sitzgelegenheiten und gegen Ende wartet eine Berghütte auf müde Entdecker. Die wunderschönen Ausblicke am Gipfel des Sattelberges belohnen für den Aufstieg. Höhepunkte der Wanderung sind das Baumhaus, die kleine Ramsauer Wasserwelt mit der begehbaren Linde und als Abschluss die eingerichtete Forschungsstation mit einem funktionierenden Waldcomputer aus Holz.

Foto 6.3: Auf der bunt gestalteten Tafel fordert Kali der Ramsaurier die Kinder zum Mitmachen auf.

Aufbau des Lehrpfades:

Weglänge:	4 km; Rundweg, Abkürzungsmöglichkeit, die auch für Kinderwagen geeignet ist
Lehrpfadtyp:	Naturerlebnispfad
Art der Vermittlung:	beschreibend, interaktiv, sensorisch
Medien zur Vermittlung:	

Ausstattung und Pflege:

Äußeres Wegeleitsystem	●
Erholungsinfrastruktur	●
Inneres Wegeleitsystem	●
Touristisches Angebot	●
Eingangstafel	●
Pflegezustand	◖

Ausgangspunkt:

200 m vom Panoramahotel Edelweiß in Ramsau-Leiten (Seehöhe: 1100 m)

Information:

Tourismusverband Ramsau am Dachstein
8972 Ramsau am Dachstein, www.ramsau.com

Analyse:

Thema und Umsetzung:

Entlang des Pfades werden unterschiedliche Naturthemen durch das Maskottchen „Kali – der Ramsaurier“ erklärt. Die jeweiligen Inhalte beziehen sich meist auf vor Ort sichtbare Objekte. Das Thema an sich besitzt kein Alleinstellungsmerkmal, wurde aber kreativ umgesetzt und den Bedürfnissen der Zielgruppe angepasst. Kali der Ramsaurier ist das Maskottchen des Ramsauer Kinderclubs, einer Serviceeinrichtung des Tourismusverbandes, und er begleitet die Kinder bei vielen weiteren Angeboten. Dadurch wurde eine zentrale Identifikationsfigur geschaffen, die einen Bezug zum Ort herstellt.

Die einzelnen Stationen bestehen aus Holztafeln, an denen sich häufig interaktive Installationen wie Klapptafeln, Schiebeleisten oder Setzspiele befinden. Die Gestaltung und das Erscheinungsbild der Tafeln ist einheitlich, und die Inhalte sind leicht verständlich aufbereitet, wobei es manchmal zu viele Aufzählungen gibt. Anschauungsmaterial wie etwa Ameisenhaufen, Vogelhäuschen, beschriftete Bäume und Steinkorallen bereichern die Stationen. Neben den Schildern gibt es unter anderem ein Baumhaus mit Feldstechern, von dem aus Tiere und Pflanzen entdeckt werden können, eine Wasserwelt und eine ausgehöhlte, begehbare Linde. Die letzte Station wurde als aufwändige Forschungsstation mit vielen unterschiedlichen Hilfsmaterialien (Lupe, Hörtrichter, Wetterstation, Drehwürfel) und Anregungen zum Forschen sowie einem sehr originellen Waldcomputer aus Holz konzipiert. Der gesamte Pfad ist durch die vielen unterschiedlichen Erlebnispunkte sehr kurzweilig aufgebaut. Bei einigen Tafeln hat allerdings bereits der Zahn der Zeit genagt und die Schrift ist teilweise nur mehr schwer lesbar.

Zielgruppe:

Kinder sind die definierte Zielgruppe für diesen Erlebnispfad. Der Pfad wurde auf jeden Fall zielgruppengerecht konzipiert, indem er den kindlichen Forscherdrang berücksichtigt und die Kinder sich die gewünschten Informationen aktiv erarbeiten können. Auch die Erklärung der Inhalte durch den ständigen Begleiter Kali, der die Kinder direkt anspricht, ist für diese Zielgruppe ideal.

Foto 6.4: Wer sich in das Innere der ausgehöhlten „sagenhaften Ramsaurier Linde" wagt, kann sich über Dinosaurier informieren.

Orchideen-Erlebnisweg

Salzburg

Kurzbeschreibung:

Entlang des Weges zum Naturdenkmal Vorderkaserklamm wachsen zahlreiche Orchideenarten. Die Stationen des Orchideen-Erlebnisweges erzählen spannende Details über diese teilweise unscheinbaren, aber faszinierenden Pflanzen. Interessierte Wanderer erfahren, warum viele Orchideen stark gefährdet sind, dass Orchideen nicht ohne Pilze leben können und wie das Knabenkraut zu seinem Namen kam. Aber auch wie und warum die Fliegen-Ragwurz die Männchen der Grabwespe in die Irre führen und wer die Erdbienen in einer Kesselfalle gefangen hält, wird erklärt. Die Klamm selbst, begehbar auf Holzstegen, die über das tosende Wasser führen, bietet ein beeindruckendes Naturschauspiel.

Foto 6.5: Spannende Überschriften machen neugierig auf die nachfolgenden Informationen.

Aufbau des Lehrpfades:

Weglänge:	1,3 km; Rundweg
Lehrpfadtyp:	Klassischer Lehrpfad mit sensorischen und interaktiven Elementen
Art der Vermittlung:	beschreibend, interaktiv, sensorisch
Medien zur Vermittlung:	🗗 ? 👂

Ausstattung und Pflege:

Äußeres Wegeleitsystem	○
Erholungsinfrastruktur	◖
Inneres Wegeleitsystem	n.n.
Touristisches Angebot	●
Eingangstafel	●
Pflegezustand	●

Ausgangspunkt:

Eingangskassa Vorderkaserklamm (eintrittspflichtig), etwa 4 km außerhalb von 5092 St. Martin/Lofer

Information:

Tourismusverband Salzburger Saalachtal, 5090 Lofer, www.salzburger-saalachtal.com

Analyse:

Thema und Umsetzung:

Mit dem Fokussieren auf die Pflanzengruppe der Orchideen behandelt dieser Pfad ein sehr eng gefasstes Thema. Die einzelnen Inhalte wurden spannend und unter vielfältigsten Aspekten aufbereitet. Entlang des Weges sind einige Orchideen, abhängig von der Saison, auch in natura zu entdecken, wodurch ein hoher lokaler Bezug entsteht. Die Informationsvermittlung erfolgt durch eine Kombination von beschreibenden, interaktiven und sensorischen Methoden, allerdings dominiert die beschreibende Vermittlung.

Foto 6.6: Bei der letzten Station „Weißt du?" können die Orchideenliebhaber überprüfen, was sie sich von der Wanderung gemerkt haben. Damit auch die Kleineren am Quiz teilnehmen können, sind Baumstümpfe als Steighilfen bereitgestellt.

Die Eingangstafel am Beginn des Weges ist vorbildhaft gestaltet, das Thema wird kurz erläutert, Kenndaten wie Weglänge, -dauer und -eignung sind angegeben, und ein Übersichtsplan zeigt den Wegverlauf. Der gesamte Pfad folgt einem Corporate Design. Er besteht aus Stationen mit reinen Informationstafeln, Stationen mit interaktiven Installationen (Lupe, Lenkrad, Klapptafel, Ringbuch) und einer überdimensionalen Orchidee, der auf Knopfdruck der Duft der Händelwurz entströmt. Zum Abschluss kann bei einem Steckspiel das Wissen überprüft werden. Die Tafeln sind einheitlich gestaltet: Als Hintergrund dient meist ein Bild, der Text wird durch helle farbige Bereiche hervorgehoben. Die Inhalte werden gut mit Grafiken und Bildern illustriert. Die Titel der einzelnen Tafeln („Verführerischer Duft", „Im Liebesrausch betrogen") animieren zum Weiterlesen. Ein äußeres Wegeleitsystem würde das Auffinden des Pfades wesentlich erleichtern.

Zielgruppe:

Laut Information auf der Eingangstafel richtet sich der Pfad an alle naturinteressierten Wanderer. Eine Zielgruppendefinition bezüglich des Alters ist nicht gegeben. Von der Umsetzung her eignet sich der Pfad sowohl für Erwachsene als auch für Kinder ab dem Hauptschulalter.

Glocknerspur – BergeDenken

Kurzbeschreibung:

Der Weg führt durch die imposante Landschaft des Ködnitztales am Fuße des Großglockners. Die Wanderung gewährt Einblicke in die faszinierende Naturwelt dieser Gegend. Die Bewohner der Bergwelt wie Murmeltier, Gämse, Schneehase oder Steinbock können nicht nur auf Bildern bei den einzelnen Stationen, sondern, mit etwas Glück und einem guten Fernglas, auch gleich in natura betrachtet werden. Informationstafeln erzählen interessante Geschichten über den höchsten Berg Österreichs und über die zahlreichen Versuche ihn zu bezwingen. Interaktive Elemente helfen das Entstehen der Alpen zu verstehen und die unterschiedlichen Elemente in der Landschaft zu erkennen. Sensorische Stationen wie das „Körperpendel“ oder „Fitness für den Geist“ motivieren zum Einswerden mit sich selber und zum ganzheitlichen Erleben der Umgebung.

Foto 6.7: Auch wenn das Pendel durch äußere Einflüsse zeitweise kräftig schwingt, befindet es sich im Zustand der Ruhe doch immer in der Mitte. Den Weg zur Mitte, zur inneren Ausgeglichenheit zu finden, ist auch das Ziel des Pfades. Sensorische Übungsanleitungen helfen den Besuchern dabei.

Aufbau des Lehrpfades:

Weglänge:	ca. 2,3 km; Rundweg
Lehrpfadtyp:	Naturerlebnispfad
Art der Vermittlung:	beschreibend, interaktiv, sensorisch
Medien zur Vermittlung:	?

Ausstattung und Pflege:

Äußeres Wegeleitsystem	◖
Erholungsinfrastruktur	◖
Inneres Wegeleitsystem	●
Touristisches Angebot	●
Eingangstafel	●
Pflegezustand	●

Ausgangspunkt:

Parkplatz beim Berggasthof Lucknerhaus, Nähe Kals am Großglockner

Information:

Nationalpark Hohe Tauern Tirol, 9971 Matrei in Osttirol, www.hohetauern.at

Analyse:

Thema und Umsetzung:

Der Pfad beschäftigt sich mit drei Schwerpunkten: der Beschreibung des Naturraumes des Ködnitztales, der Alpingeschichte des Großglockners und der Sensibilisierung der Besucher für die Landschaft. Die Integration der lokalen Gegebenheiten als Basis für die angesprochenen Inhalte am Weg wurde gut gelöst. Da das Umsetzen der Inhalte nicht ausschließlich beschreibend erfolgt, sondern auch interaktiv und sensorisch, können die Besucher die umgebende Bergwelt mit allen Sinnen erleben. Man bekommt nicht nur trockene Fakten zu lesen, sondern wird aktiv eingebunden, muss sich Sachverhalte eigenständig erschließen und wird durch Übungsanleitungen auch zur Auseinandersetzung mit sich selbst animiert.

Foto 6.8: Wer Glück hat, kann diesen schüchternen Alpenbewohner nicht nur auf der Tafel, sondern gleich direkt vor Ort beobachten. Aber aufgepasst, sobald er Gefahr wittert, stößt er schrille Pfiffe aus, um seine Familienmitglieder zu warnen, und verschwindet blitzschnell in der Erde.

Die Informationstafeln sind als Pulttafeln oder senkrecht stehende Tafeln mit Stehern aus Lärchenholz und einer folierten Metallplatte ausgeführt und integrieren sich gut in die Landschaft. Als sensorische und interaktive Stationen gibt es unter anderem ein Körperpendel, Schiebetafeln, Steine zum Angreifen und Lupen. Die Stationen folgen einem Corporate Design, alle Tafeln beinhalten das Logo des Pfades. Die Texte sind informativ geschrieben und gut zu lesen, die grafische Gestaltung der Tafeln gefällig.

Ein paar Sitzgelegenheiten zwischen den Stationen würden den Besuchern noch mehr Gelegenheiten bieten, die wunderschöne Landschaft zu genießen.

Zielgruppe:

Laut Angaben im Folder des Nationalparks eignet sich der Weg besonders für die Zielgruppe der Familien. Die Stationen mit den Übungen, die zur inneren Ruhe und Ausgeglichenheit verhelfen, oder das Glocknerbuch, das über die Geschichte und die Bedeutung des Großglockners berichtet, werden Erwachsene wahrscheinlich mehr interessieren als Kinder. Die Beschreibung der vorkommenden Tiere und die interaktiven Elemente machen die Wanderung zweifellos auch für Kinder zu einem spannenden Erlebnis.

1. Mühlviertler Vogelkundeweg — Oberösterreich

Foto 6.9: Nachdem die Stimmen der Vögel, die sich im ausgehöhlten Baumstamm befinden, erkannt und die Rätselfrage gelöst wurde, können sich die künftigen Ornithologen verdient an den Früchten des Naschgartens laben.

Kurzbeschreibung:

Während einer abwechslungsreichen Wanderung durch die schöne Mühlviertler Kulturlandschaft lernen die Besucher des Vogelkundeweges die heimische Vogelwelt kennen. In ausgehöhlten Baumstämmen befinden sich jeweils zwei Vogelpräparate, deren Stimme auf Knopfdruck abrufbar ist. Zahlreiche Tafeln bieten Informationen über verschiedene

Vogelfamilien und deren Lebensräume, die Fortpflanzung und den Vogelschutz. Bei der Lauschinsel können die Geräusche des Waldes wahrgenommen werden, zwei Naschgärten laden je nach Jahreszeit zum Verkosten der Früchte ein. Wer sich näher für die heimische Vogelwelt interessiert, kann den Vogelschauraum direkt im Ort besuchen oder sich einer Führung anschließen.

Aufbau des Lehrpfades:

Weglänge:	ca. 4 km; Rundweg
Lehrpfadtyp:	Naturerlebnispfad
Art der Vermittlung:	beschreibend, interaktiv, sensorisch
Medien zur Vermittlung:	

Ausstattung und Pflege:

Äußeres Wegeleitsystem	●
Erholungsinfrastruktur	●
Inneres Wegeleitsystem	●
Touristisches Angebot	●
Eingangstafel	○
Pflegezustand	●

Ausgangspunkt:

Vogelschauraum in Gutau

Information:

Gemeindeamt Gutau, 4293 Gutau, www.gutau.at

Analyse:

Thema und Umsetzung:

Obwohl dieser Lehrpfad mittlerweile nicht mehr der einzige in Österreich ist, bei dem Vogelstimmen auf Knopfdruck abgehört werden können, bleibt diese Art der Umsetzung des Themas originell. Da vor allem in der Umgebung vorkommende Vögel beschrieben werden, erhält der Pfad einen lokalen Bezug. Die Inhalte werden beschreibend, akustisch und interaktiv vermittelt. Elemente wie die Lauschinsel, der Balancierbalken und die angepflanzten Naschgärten sprechen die Sinne der Besucher an.

Die Informationsstationen bestehen meist aus drei senkrecht aufgestellten Tafeln mit Holzstehern und einem Glasrahmen, in dem sich Textfolien oder Anschauungsmaterialien wie Nester, Gewöllereste oder Vogeleier befinden. Bei einigen Tafeln müssen sich die Besucher jedoch recht strecken, um die Informationen lesen zu können, da die Texte zu hoch angebracht sind. Die grafische Gestaltung der Tafeln ist in Schwarz-Weiß und einfach ausgeführt. Die Texte sind verständlich, allein die reine Aufzählung von jeweiligen Arten zu bestimmten Themen ist mit der Zeit eintönig zum Lesen. Originelle Überschriften und einzelne Informationen in eine spannende Geschichte verpackt würden dem Pfad mehr Dramaturgie verleihen. Einige interaktive „Vogelhäuschen“ lockern die Stationen jedoch auf, indem sie Fragen zu den vorher erzählten Informationen stellen. Die Vogelpräparate befinden sich in ausgehöhlten Stämmen hinter einer Plexiglasscheibe, der nötige Strom zum Abhören des Gesanges kommt aus Solarzellen am Dach der Baumstämme. Gut gelöst ist die Gestaltung des Wegweisers als Eisvogel, das Thema des Pfades wurde damit berücksichtigt. Eine Eingangstafel mit einer kurzen Wegbeschreibung würde den Pfad bereichern.

Zielgruppe:

Die Zielgruppe des Pfades sind Familien. Kinder werden die Stationen mit den Präparaten und den Vogelstimmen sowie die sensorischen Stationen sicher am spannendsten finden. Doch auch die zahlreichen Anschauungsobjekte wie Vogelnester, -eier, Nistkästen, die Gewölle der Raubvögel und die einzelnen Rätselfragen haben ihren Reiz für diese Zielgruppe. Der Vogelkundeweg ist für einen lehrreichen und kurzweiligen Familienausflug auf jeden Fall ein geeignetes Ziel.

Foto 6.10: Bei diesem interaktiven Vogelhäuschen wird in Bezug auf die nebenstehenden Informationstafeln die Frage gestellt: „Wie heißt der Vogel, der hier zu sehen ist? Er ist einer der kleinsten und leichtesten." Die Antwort überprüfen die Vogelkundler durch das Hochheben der Klappe.

Au-Erlebnisweg Klosterneuburg

Niederösterreich

Kurzbeschreibung:

Bei Klosterneuburg liegt eines der letzten Auengebiete. Mit allen Sinnen, durch sehen, hören, riechen, fühlen und tasten, lernen die Besucher des Au-Erlebnisweges diesen spannenden und vielfältigen Lebensraum kennen. Poldi, der Laubfrosch und alteingesessene Aubewohner, begleitet die großen und kleinen Au-Entdecker auf ihrem Weg und erzählt kurzweilige Geschichten. Die hohe Anzahl von verschiedenen Aubewohnern kommt dabei ebenso zur Sprache wie die Unterschiede zwischen Harter und Weicher Au, die Dynamik dieses Lebensraumes und die historischen Veränderungen, die die Donauauen im Laufe der Jahrhunderte erfahren haben. Bei einer Rast auf Liegestühlen kann ein Blick ins Blätterdach des Auwaldes geworfen werden, ein nachgebautes Spinnennetz ermöglicht den

Foto 6.11: Sind Gelsen nun Blutsauger oder Leckerbissen? Alles eine Frage der Perspektive: Wir Menschen erinnern uns ungern an die Begegnungen mit Gelsen. Poldi, der Laubfrosch, sieht das wohl ganz anders.

Beutefang von Spinnen zu imitieren und bei der Weitsprungolympiade messen Menschen und Tiere ihre Sprungleistungen.

Aufbau des Lehrpfades:

Weglänge:	1,5 km; Rundweg
Lehrpfadtyp:	Naturerlebnispfad
Art der Vermittlung:	beschreibend, interaktiv, sensorisch
Medien zur Vermittlung:	⊟ ? 👂 ❀

Ausstattung und Pflege:

Äußeres Wegeleitsystem	○
Erholungsinfrastruktur	●
Inneres Wegeleitsystem	●
Touristisches Angebot	●
Eingangstafel	●
Pflegezustand	◖

Ausgangspunkt:

Parkplatz beim Strandbad Klosterneuburg

Information:

Tourismusverband Klosterneuburg, WWF, 3400 Klosterneuburg, www.wwf.at

Analyse:

Thema und Umsetzung:

Die Beschreibung von verschiedenen Ökosystemen, wie hier der Au, ist als Thema von Lehrpfaden weit verbreitet. Vom Thema her besitzt dieser Pfad daher kein Alleinstellungsmerkmal. Die einzelnen Inhalte der Stationen wurden aber kreativ umgesetzt und auf die lokalen Gegebenheiten bezogen. Dieser Pfad ist als Naturerlebnispfad konzipiert, der die Besucher die Au aktiv entdecken und erforschen lässt, indem er die Informationen beschreibend, interaktiv und sensorisch vermittelt.

Die einzelnen Stationen sind unterschiedlich aufgebaut, folgen aber einem einheitlichen Design und haben dadurch einen hohen Wiedererkennungseffekt. Die Informationstafeln bestehen aus Holzstehern und folierten Metalltafeln. Sie sind grafisch gut gestaltet, die Überschriften sind spannend und die nachfolgenden Texte interessant und verständlich formuliert. Teilweise fühlt man sich von der Informationsfülle allerdings überfordert. Als interaktive Elemente gibt es unter anderem Klapptafeln und Lenkräder. Den Einsatz der verschiedenen Sinne fordern die Duftwolke, das Spinnennetz, die Weitsprunggrube, die Hängebrücke und mehrere akustische Installationen, bei denen die Aubewohner an ihren Stimmen erkannt werden müssen. Der gesamte Pfad ist durch die zahlreichen unterschiedlichen Stationen abwechslungsreich aufgebaut, das Thema Au wurde gut inszeniert. Wirklich schade beim Au-Erlebnispfad ist, dass auf das äußere Wegeleitsystem vergessen wurde.

Zielgruppe:

Der Pfad wurde vor allem für die Zielgruppe Familien konzipiert, was auch gut gelungen ist. Sowohl die vielen interaktiven und sensorischen Stationen als auch Poldi, der die Kinder auf dem Weg begleitet und kurze Erklärungen gibt oder durch Fragen zum Nachdenken anregt, sind für diese Zielgruppe ideal. Die Texte und Erklärungen bei einigen Informationsstationen sind für Kinder sicher zu umfangreich.

Überblick über weitere Pfade zum Thema Natur

Name des Lehrpfads	Umsetzung	Information/Kontakt	BL
1. Burgenländischer Jagdlehrpfad		Naturpark Geschriebenstein 7471 Rechnitz www.naturpark-geschriebenstein.at	B
Clusius Naturlehrpfad		Clusius Naturwildpark Güssing 7540 Güssing www.naturparke.at	B
Naturerlebnispfad Willersdorfer Schlucht-Aschauer Au	?	Gemeinde Oberschützen 7432 Oberschützen	B
Pilzlehrpfad		Naturpark Geschriebenstein 7464 Markt Neuhodis www.naturpark-geschriebenstein.at	B
Waldbründllehrpfad		Tourismusverband Purbach am See 7083 Purbach www.purbach.at	B
Wildwechsel	?	Naturpark Raab 8385 Mühlgraben www.naturpark-raab.at	B
Natura Trail Frohnwiesen		Naturfreunde Internationale 9182 St. Oswald (Rosental) www.nfi.at	K
Natura Trail Keutschacher Seental		Naturfreunde Internationale 9535 Schiefling www.nfi.at	K
Natura Trail Sablatnigmoor		Naturfreunde Internationale 9141 Eberndorf www.nfi.at	K
Naturlehrpfad Zwergohreule		Gemeinde Köttmannsdorf 9071 Köttmannsdorf	K
Naturlehrweg Alpine Lebensgemeinschaften		Nationalpark Nockberge 9565 Ebene Reichenau www.nationalparknockberge.at	K
Naturlehrweg Astner Moos		Nationalpark Hohe Tauern 9842 Mörtschach www.hohetauern.at	K
Naturlehrweg Gradental		Nationalpark Hohe Tauern 9843 Großkirchheim www.hohetauern.at	K
Naturlehrweg Seebachtal		Nationalpark Hohe Tauern 9822 Mallnitz www.hohetauern.at	K
Aktiver Heckenlehrpfad	?	Natur- und Wildpark Buchenberg 3340 Waidhofen/Ybbs www.tierpark.at	NÖ
Baumriesen-Zeitreisen		Tourismus-Information Eggenburg 3730 Eggenburg www.eggenburg.at	NÖ

Hennerweg - Themenweg	?	Nationalpark Thayatal GmbH 2082 Hardegg/ Merkersdorf www.np-thayatal.at	NÖ
Moorlehrpfad Heidenreichstein		Naturpark Heidenreichsteiner Moor 3860 Heidenreichstein www.naturparke.at	NÖ
Natura Trail Pannonische Sand-dünen		Naturfreunde Internationale 2231 Strasshof www.nfi.at	NÖ
Natura Trail Wein und Natur		Naturfreunde Internationale 3511 Furth bei Göttweig www.nfi.at	NÖ
Naturerlebnisweg Kritzendorf	?	Tourismusverein Klosterneuburg 3420 Kritzendorf www.kritzendorf.at	NÖ
Naturlehrpfad Franzosenwald Seitenstetten		Stiftsgymnasium, -verwaltung Seiten-stetten 3353 Seitenstetten www.seitenstetten.gv.at	NÖ
Naturlehrpfad Naturpark Sand-stein Wienerwald	?	Naturpark Sandstein Wienerwald 3002 Purkersdorf www.purkersdorf-online.at	NÖ
Naturpfad Hohenruppersdorf		Hohenruppersdorfer IMPULSE für Dorf-aktivitäten 2223 Hohenruppersdorf	NÖ
Natura Trail an Donau und Traun		Naturfreunde Internationale 4020 Linz/Urfahr www.nfi.at	OÖ
Natura Trail Böhmerwald		Naturfreunde Internationale 4164 Oberschwarzenberg www.nfi.at	OÖ
Naturerlebnisweg Steinere Mühl	?	Österreichische Naturschutzjugend Haslach 4170 Haslach www.boehmerwaldnatur.at	OÖ
Wollgras, Alm und Wasser-schwinde	?	Nationalpark Kalkalpen 4462 Reichraming www.kalkalpen.at	OÖ
Naturerlebnisweg Bockkluft	?	Tourismusverband Dienten 5652 Dienten www.dienten.co.at	S
Panoramalehrpfad Piesendorf		Tourismusverband Piesendorf Niedersill 5721 Piesendorf	S
Schmetterlingspirsch		Tourismusverband Uttendorf 5723 Uttendorf www.uttendorf.com	S
AuErlebnisWeg „Schau die Au"	?	Gemeinde St. Peter ob Judenburg 8755 St. Peter ob Judenburg www.st-peter-judenburg.at	Stmk
Beobachtungs- und Erlebniswan-derweg Amering		Gemeinde Amering 8742 Obdach www.lehrpfad-amering.at.tf	Stmk

Dürnberger Moorlehrpfad		Naturpark Grebenzen 8812 Mariahof www.naturpark-grebenzen.at	Stmk
Lettmairau	?	Nationalpark Gesäuse GmbH 8911 Admont www.nationalpark.co.at	Stmk
Murecker AuErlebnisweg	?	Tourismusverband Mureck 8480 Mureck www.mureck.gv.at	Stmk
Naturlehrpfad Schönegg-Schönauklamm		Tourismusverband Naturpark Pöllauer Tal 8225 Schönegg www.naturpark-poellauertal.at	Stmk
Erlebnisweg Nußdorfer Berg		Nationalpark Hohe Tauern 9971 Matrei in Osttirol www.hohetauern.at	T
Moor – Lehrpfad im Piller Moor		Naturpark Kaunertal 6521 Fließ www.naturpark-kaunergrat.at	T
Natur- Erlebnispfad für Kinder und ihre Eltern	?	Nationalpark Hohe Tauern 9981 Kals am Großglockner www.hohetauern.at	T
Natur- und Kulturlehrweg Debanttal		Nationalpark Hohe Tauern 9990 Nußdorf-Debanttal www.hohetauern.at	T
Wildtieren auf der Spur	?	Naturpark Kaunergrat 6471 Arzl www.naturpark-kaunergrat.at	T
Alpgeschichtlicher Lehrpfad auf dem Andelsbucher Hausberg die Niedere		Tourismus-Verein Andelsbuch 6866 Andelsbuch www.bergbahnen-andelsbuch.at	V
Golmis Forschungspfad	?	Illwerke Tourismus 6773 Vandans-Rodund www.golm.at	V
Lehrpfad UferNatur		Amt der Landeshauptstadt Bregenz, Umweltschutz 6900 Bregenz	V
Lehrwanderweg Braz erleben		Tourismusbüro Braz 6751 Braz	V
Naturerlebnispfad „KRISTAKOPF"		Illwerke Tourismus 6780 Schruns-Rodund www.illwerke.at	V
Naturlehrpfad im Alpenwildpark Pfänder		Pfänderbahn AG 6900 Bregenz www.pfaenderbahn.at	V
Naturlehrpfad Obere Lobau		Magistratsabteilung 49, Forstverwaltung Lobau 2301 Groß-Enzersdorf www.wien.gv.at/wald	W

6.2.2 Wald

Naturlehrpfad Nikolaitor

Wien

Kurzbeschreibung:

Bei einer Wanderung durch den nördlichen Teil des Lainzer Tiergartens erfahren die Besucher auf Informationstafeln Wissenswertes über das Grünraumsystem der Großstadt Wien, die tierischen und pflanzlichen Bewohner des Lainzer Tiergartens und die „Flugkünstler unter den Bäumen". Auch die Entstehung und der Aufbau des Waldes „vom steinigen Untergrund bis ins Blätterdach" und dass der Wald nicht nur eine Ansammlung von Bäumen ist, wird erklärt. Bei der letzten Station erzählt „Sus Scrofa – der heimliche Star" des Lainzer Tiergartens über sein Leben. Und wer zum richtigen Zeitpunkt kommt, kann den Star und seine Verwandten auch gleich vor Ort beobachten. Für Kinder ist bei jeder Station ein eigener Bereich angelegt. Dort gibt das Maskottchen Susa Tipps für Beobachtungen, Experimente und Benützung der interaktiven und sensorischen Spiele. Susa zeigt auch den Weg innerhalb des Lehrpfades.

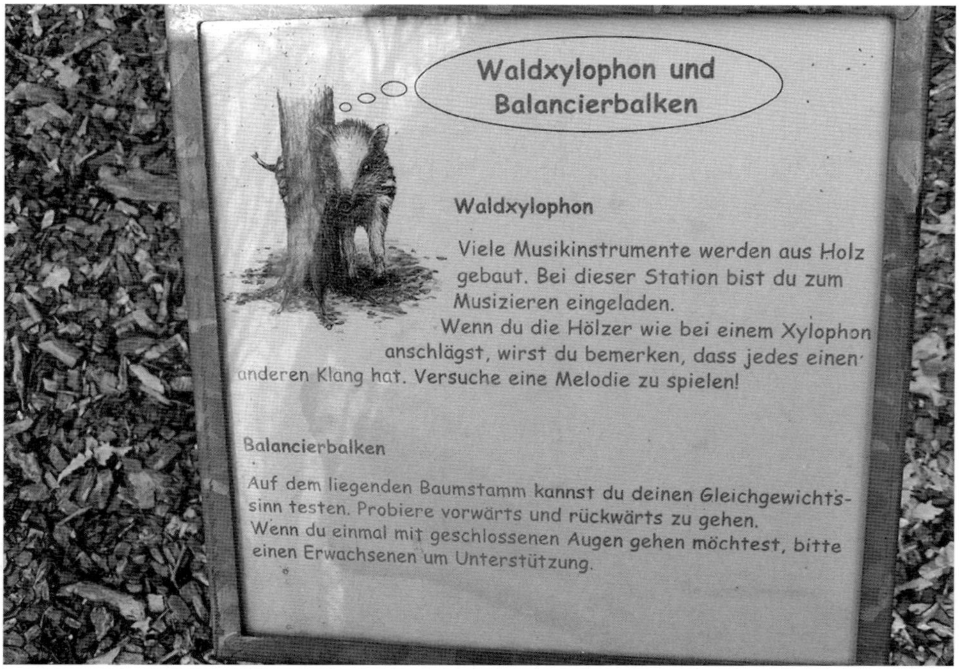

Foto 6.12: Susa, das kleine Wildschwein und Logo des Pfades, erklärt den jüngeren Besuchern Wissenswertes zu den einzelnen Stationen.

Aufbau des Lehrpfades:

Weglänge:	2,5 km; Zielweg
Lehrpfadtyp:	Naturerlebnispfad
Art der Vermittlung:	beschreibend, interaktiv, sensorisch
Medien zur Vermittlung:	

Ausstattung und Pflege:

Äußeres Wegeleitsystem	◖
Erholungsinfrastruktur	●
Inneres Wegeleitsystem	●
Touristisches Angebot	●
Eingangstafel	◖
Pflegezustand	◖

Ausgangspunkt:

Nikolaitor beim Lainzer Tiergarten, 1130 Wien

Information:

MA 49, Forstverwaltung Lainz, 1130 Wien www.wien.gv.at/wald

Analyse:

Thema und Umsetzung:

Obwohl hier das bereits häufig umgesetzte Thema Wald aufgegriffen wird, unterscheidet sich dieser Weg doch deutlich von den vielen Waldlehrpfaden, die nur verschiedene Baumarten beschreiben. Es wird ganz gezielt auf den Lainzer Tiergarten und den Wienerwald eingegangen und dadurch ein lokaler und regionaler Bezug hergestellt. Der Pfad wird vom Betreiber als Naturlehrpfad bezeichnet. Aufgebaut ist er allerdings als Naturerlebnispfad, da die Informationen auf mehreren Ebenen (rezeptiv, interaktiv, sensorisch) vermittelt werden.

Foto 6.13: Ein Balancierbalken aus Holz und ein Waldxylofon laden auch die größeren Besucher ein, ihre Sinne gezielt einzusetzen.

Die einzelnen Stationen bestehen aus Informationstafeln, die häufig durch interaktive oder sensorische Installationen ergänzt werden. Die Tafeln sind grafisch einfach, aber übersichtlich gestaltet. Die Texte besitzen hohen Informationsgehalt. Tastboxen, Schiebeleisten, ein Waldxylofon und Baumstämme, die an der Rinde erkannt werden müssen, fordern die Besucher zum Mitmachen auf. Die jeweiligen interaktiven wie sensorischen Elemente beziehen sich großteils auf die Themen der Infotafeln und fördern dadurch die aktive Vermittlung der Information. Eine Abschlusstafel würde den Besuch abrunden.

Zielgruppe:

Der Pfad wurde für die Zielgruppe Familien angelegt und die Inhalte durch die vielen interaktiven und sensorischen Elemente und das Logo Susa auch entsprechend umgesetzt. Teilweise sind die Informationen zu den einzelnen Themen etwas umfangreich ausgefallen. Eine gute Idee ist der Quizbogen, der beim Portier des Nikolaitors abgeholt werden kann. Wer ihn ausgefüllt abgibt, erhält eine kleine Überraschung – ein zusätzlicher Ansporn für Kinder.

Im Tal des Holzes

Oberösterreich

Kurzbeschreibung:

Bereits seit dem Mittelalter wurden die Wälder des Weißenbachtals bei Reichraming zur Brennholz- und Holzkohlegewinnung genutzt. Bis 1960 war das Tal von Waldarbeitern und deren Familien bewohnt. Der Rundweg durch das landschaftlich attraktive Tal lässt die Besucher eintauchen in die längst vergessene Welt der Köhler und Holzarbeiter. Erzählt wird vom früheren Leben der Menschen in diesem Gebiet sowie dem Wandel des Waldes vom alten Köhlerwald über den Nutzwald in der modernen Forstwirtschaft bis hin zum Naturwald im Nationalpark Kalkalpen. Eine interessante Broschüre, Informationstafeln, verschiedene Suchpunkte, Aussichtstürme und ein Ratespiel machen die Wanderung vor allem für Familien und Schulgruppen zu einer abwechslungsreichen und spannenden Entdeckungsreise durch die Geschichte des Tals.

Aufbau des Lehrpfades:

Weglänge:	6 km; Rundweg
Lehrpfadtyp:	Klassischer Lehrpfad mit interaktiven Elementen
Art der Vermittlung:	beschreibend, interaktiv
Medien zur Vermittlung:	?

Ausstattung und Pflege:

Äußeres Wegeleitsystem	○
Erholungsinfrastruktur	●
Inneres Wegeleitsystem	●
Touristisches Angebot	●
Eingangstafel	●
Pflegezustand	●

Foto 6.14: Am deutlich sichtbaren Eingangspavillon werden die Besucher willkommen geheißen und auf die Wanderung eingestimmt.

Ausgangspunkt:
Parkplatz (gebührenpflichtig) Weißenbach/Reichraming

Information:
Nationalpark Kalkalpen Besucherzentrum Ennstal, 4462 Reichraming, www.kalkalpen.at

Analyse:

Thema und Umsetzung:

Erzählt wird vom Einfluss der Menschen, die über Jahrhunderte hinweg die Waldlandschaft des Weißenbachtals geprägt haben – lokale und regionale Gegebenheiten bilden daher die Grundlage für diesen Pfad. Die Umsetzung des Themas ist durch die Kombination von verschiedenen Vermittlungsmethoden gut gelöst, die Besucher werden aktiv aufgefordert sich mit der Landschaft auseinanderzusetzen. Die Tafeln vermitteln die Inhalte meist beschreibend, die Suchpunkte lenken die Blicke der Besucher auf lokale Besonderheiten. An den Fragepunkten müssen bestimmte Aufgaben, wie beispielsweise Bäume anhand ihrer Blätter erkennen, gelöst werden.

Der Aufbau der Stationen folgt einem einheitlichen Layout. Passend zum Thema bestehen alle Informationstafeln aus Holz, der Text ist eingebrannt. Weitere ausführliche

Erklärungen zu den Stationen und Erzählungen vom früheren Leben im Weißenbachtal sind in der Broschüre nachzulesen, ebenso wie die Anleitungen zu den Such- und Fragepunkten, die nur durch einen Holzpfahl mit einem Auge und einer Nummer gekennzeichnet sind. An und für sich kann der Pfad auch ohne Broschüre begangen werden, allerdings erhält man dann nur Kurzinformationen und muss auf eine Beteiligung bei den Such- und Fragepunkten großteils verzichten. Wer mehr über die Geschichte des Tales wissen möchte, sollte daher die Broschüre rechtzeitig in einer Nationalpark-Infostelle besorgen.

Foto 6.15: Symbole kennzeichnen die unterschiedlichen Suchpunkte entlang des Weges und lenken den Blick der Besucher auf die Besonderheiten in der Landschaft.

Die Broschüre selbst ist vom Format her handlich, gut gegliedert und interessant zum Lesen. Lediglich die Schriftgröße für die farblich abgesetzten Texte, die vom Leben der früheren Bewohner erzählen, ist sehr klein ausgefallen. In der Broschüre gibt es Informationen über weitere Themenwege und Wanderziele im Nationalpark und eine Auswahl an Gastronomiebetrieben. Wünschenswert zur besseren Auffindbarkeit des Pfades wäre ein äußeres Wegeleitsystem.

Zielgruppe:

Der Pfad richtet sich vor allem an die Zielgruppe der Familien. Für Kinder wird die Wanderung im Weißenbachtal durch die verschiedenen Such- und Fragepunkte sicher zu einer spannenden Erkundungsreise. Zusätzlichen Anreiz bietet ein kleines Quiz in der Broschüre, bei Vorlage des richtigen Lösungswortes in der Nationalpark-Infostelle gibt es eine kleine Belohnung.

Baumkronenweg Kopfing

Oberösterreich

Kurzbeschreibung:

Der Baumkronenweg lädt mutige Entdecker ein, den Wald aus einer neuen Perspektive kennenzulernen: In luftiger Höhe von teilweise über 20 Metern geht's auf stabilen Holzstegen von Baumwipfel zu Baumwipfel. Auf den insgesamt 17 Türmen eröffnet sich eine wunderbare Aussicht auf die gesamte Region des Sauwaldes. Doch auch am sicheren Boden gibt es eine Vielzahl an Stationen, bei denen auf spielerische Art und Weise über den Lebensraum Wald erzählt wird. Die Akustikstation, die Tellerbrücke, der Sinnestest, der Fuchsbau und das Labyrinth sind nur einige davon. Ein aktives Mitmachen von großen und kleinen Wipfelstürmern ist gefordert. Bei der Millionenshow kann jeder sein Wissen unter Beweis stellen. Nach so viel Action ist eine kleine Stärkung mit Produkten aus der Region im Gasthaus „sOachkatzl" direkt am Baumkronenweg wohl verdient.

Foto 6.16: Nur für schwindelfreie Wipfelstürmer! Der Holzsteig führt die Besucher in luftiger Höhe zu den Wipfeln der Bäume.

Aufbau des Lehrpfades:

Weglänge:	2,5 km; Rundweg
Lehrpfadtyp:	Naturerlebnispfad
Art der Vermittlung:	rezeptiv, interaktiv, sensorisch
Medien zur Vermittlung:	?

Ausstattung und Pflege:

Äußeres Wegeleitsystem	●
Erholungsinfrastruktur	●
Inneres Wegeleitsystem	●
Touristisches Angebot	●
Eingangstafel	●
Pflegezustand	●

Ausgangspunkt:

Kopfing im Sauwald; kostenpflichtig

Information:

Verein Baumkronenweg, 4794 Kopfing im Sauwald, www.baumkronenweg.at

Analyse:

Thema und Umsetzung:

Inhaltlich reiht sich der Baumkronenweg in die lange Liste der Waldlehrpfade ein und besitzt somit kein Alleinstellungsmerkmal, in seiner Umsetzung jedoch sehr wohl. Die Idee, den Lebensraum Wald zumindest abschnittsweise aus der Vogelperspektive zu präsentieren, ist mittlerweile noch einzigartig in Österreich und macht sich, wie die hohen Besucherzahlen eindrucksvoll belegen, auch bezahlt. Der Baumkronenweg zeigt, dass Besucher nicht nur durch neue, originelle Themen angezogen werden können, sondern genauso gut durch eine fantasievolle Umsetzung von konventionellen Themen. Dem Begriff Erlebnisweg wird der Baumkronenweg zweifellos gerecht. Stationen und Möglichkeiten zum Erleben und Aktivwerden gibt es viele. Das stille „Walderlebnis" wird sich an den besucherstarken Wochenenden allerdings nicht einstellen. Action and fun geben dann den Ton an.

Die einzelnen Stationen des Weges sind vielfältig und abwechslungsreich. Einfache Informationstafeln aus Holz, die alle einem einheitlichen Layout folgen, finden sich ebenso wie aufwändige interaktive und sensorische Stationen. Die Gestaltung der Informationstafeln ist klassisch ausgefallen. Verschiedene Themen zum Ökosystem Wald wie Sukzessionsphasen, Stammaufbau eines Baumes, Totholz, der Vogelwecker und viele mehr werden angesprochen. Die Texte sind interessant zum Lesen, schade nur, dass es keine Tafel gibt, die auf die unmittelbare Waldsituation vor Ort eingeht. Die Infotafeln könnten in jedem beliebigen anderen Wald stehen. Bei den einzelnen Baumbeschreibungen werden allerdings die in der Gegend vorkommenden Bäume vorgestellt. Neugierig machende Überschriften, lebhaft formulierte Texte, eingebettet in eine durchgehende Geschichte, würden helfen, die Informationen zum Thema ebenso spannend zu inszenieren, wie dies beim Weg, der zu den Baumwipfeln führt, eindrucksvoll gelungen ist.

Der Baumkronenweg ist wohl die Erfolgsstory in der Lehrpfadplanung der letzten Jahre, wie die hohen Besucherzahlen bestätigen. In eine touristisch wenig erschlossene Region konnte durch ein innovatives Konzept und professionelles Marketing ein wahrer Besucherstrom gebracht und damit einige Arbeitsplätze geschaffen werden.

Zielgruppe:

Klar definierte Zielgruppe für den Baumkronenweg sind Familien. Spaß, Spannung und leichtes Bauchkribbeln beim Wandern von Wipfel zu Wipfel sind garantiert. Wer Angst vor allzu großer Höhe hat, findet als Alternative zahlreiche Stationen auf sicherer Erde. Für einen abwechslungsreichen Familienausflug bietet dieser Weg unzählige Möglichkeiten, vom Baumtelefon angefangen zum Sinnespfad und Labyrinth, der Riesenrutsche und Hängebrücke bis hin zum Mut erfordernden Erklimmen der Holzstege oder dem Besuch des dunklen Fuchsbaus.

Überblick über weitere Pfade zum Thema Wald

Name	**Umsetzung**	**Information/Kontakt**	**BL**
Walderlebnisweg	?	Naturpark Geschriebenstein 7442 Lockenhaus www.naturpark-geschriebenstein.at	B
Wald- und Wasserlehrweg Grundalm		Nationalpark Nockberge 9565 Ebene Reichenau www.nationalparknockberge.at	K
Multisensorischer Waldlehrpfad Buchenberg	?	Natur- und Wildpark Buchenberg 3340 Waidhofen an der Ybbs www.tierpark.at	NÖ
Naturerlebnisweg Weltkugel	?	Gemeinde Groß Gerungs 3920 Groß Gerungs www.gerungs.at	NÖ
Waldlehrpfad		Naturpark Kamptal – Schönberg 3562 Schönberg am Kamp www.schoenberg.gv.at	NÖ
Auf den Spuren der Waldbahn	?	Nationalpark Kalkalpen Besucherzentrum Ennstal 4462 Reichraming www.kalkalpen.at	OÖ
Der Weg zur Waldwildnis		Nationalpark Kalkalpen 4591 Molln www.kalkalpen.at	OÖ

Baumlehrpfad in Annaberg		Tourismusregion Lammertal- Dachstein West 5524 Annaberg-Lungötz www.lammertal.info	S
Erlebniswald Natrun	?	Tourismusverband Maria Alm 5761 Maria Alm www.hochkoenig.at	S
Naturerlebnispfad zur Grünen Au	?	Gasthof zur Grünen Au 8225 Pöllau www.gruene-au.at	Stmk
Waldlehrpfad in Pöllau		Naturpark Grebenzen 8813 Pöllau www.naturpark-grebenzen.at	Stmk
Waldlehrpfad Masenberg		Tourismusverband Naturpark Pöllauer Tal 8225 Pöllauberg www.naturpark-poellauertal.at	Stmk
Waldweg der Lebensfreude	?	Verein der Lebensfreude, Tourismusverband Unterpremstätten 8141 Unterpremstätten	Stmk
Waldlehrpfad Zedlacher Paradies		Nationalpark Hohe Tauern 9971 Zedlach bei Matrei www.hohetauern.at	T
Walderlebnispfad	?	Amt der Landeshauptstadt Bregenz, Umweltschutz 6900 Bregenz	V
Walderlebnispfad Marul	?	Verein Walderlebnispfad 6741 Raggal www.grosseswalsertal.at	V
Waldlehrpfad beim Lainzer Tor	?	Magistratsabteilung 49, Forstverwaltung Lainz 1130 Wien www.wien.gv.at/wald	W

6.2.3 Wasser

Von Fischen und Fischern **Kärnten**

Kurzbeschreibung:
Während eines schönen Spaziergangs am Promenadenweg am Weissensee zwischen Techendorf und Praditz vermitteln fünf Schautafeln einen Eindruck über die vielfältige Unterwasserwelt des Sees. Die hier zahlreich vorkommenden Fischarten werden ebenso vorgestellt wie deren Lebensräume im See und die verschiedenen Nahrungsketten. Bereits im Mittelalter war der Weissensee für seine Riesen-Forellen, die bis zu 20 Kilogramm schwer und über einen Meter lang werden können, bekannt. Seit geraumer Zeit ist diese auch als „Weissensee-Lachs" bezeichnete Fischart im Rückgang begriffen und gibt vielen Forschern damit ein Rätsel auf. Ein wissenschaftliches, fischökologisches Projekt, das am Lehrpfad vorgestellt wird, versucht darauf Antworten zu finden. Für Interessierte gibt es zusätzlich eine Ausstellung von Fischpräparaten im Verkehrsamt.

Foto 6.17: Die übersichtlich gestaltete Pulttafel beschreibt die unterschiedlichen Ansprüche der Fische an den Lebensraum im Weissensee.

Aufbau des Lehrpfades:

Weglänge:	ca. 2,5 km; Zielweg, für Kinderwagen und Rollstuhl geeignet
Lehrpfadtyp:	Klassischer Lehrpfad mit interaktiven Elementen
Art der Vermittlung:	beschreibend
Medien zur Vermittlung:	

Ausstattung und Pflege:

Äußeres Wegeleitsystem	○
Erholungsinfrastruktur	●
Inneres Wegeleitsystem	n.n.
Touristisches Angebot	●
Eingangstafel	●
Pflegezustand	●

Ausgangspunkt:

Techendorf, Seebrücke-Nord oder in Praditz

Information:

Weissensee Information, 9762 Weissensee
www.weissensee.com

Analyse:

Thema und Umsetzung:

Informationstafeln beschreiben die Bedeutung des Weissensees für Fischwelt und Fischer. Lokale Gegebenheiten bilden somit die Basis für den Pfad, schließlich ist der See ein wahres Anglerparadies. Besonderheiten des Sees, wie beispielsweise die „Weissensee-Lachse“, werden herausgestrichen. Das Thema wurde ideal gewählt, um das touristische Angebot der Region zu ergänzen bzw. um potenzielle Petrijünger auf den Geschmack des Angelns zu bringen. Die Umsetzung selbst, als Schilderpfad, ist eher konventionell ausgefallen.

Die Stationen bestehen aus Pulttafeln aus foliertem Metall, die auf Holzstehern montiert sind und sich gut in die Landschaft einfügen. Die Tafeln selbst haben ein einheitliches Layout, die Texte sind gut strukturiert und informativ. Zahlreiche Abbildungen, Fotos und zwei Rätsel illustrieren die Inhalte. Die Anzahl von 5 Stationen auf einer Weglänge von knapp 2,5 km ist eher gering.

Ein äußeres Wegeleitsystem zum Auffinden des Pfades wäre hilfreich. Eine Wegmarkierung innerhalb ist nicht notwendig, da der Weg ohnehin am See entlangführt. Schade ist, dass der Weg nie direkt an das Seeufer heranführt. Wer für den Rückweg den am anderen Seeufer angelegten Themenweg „Wasser und Land“ auswählt, erweitert den Spaziergang zu einem Rundkurs. Die Rückfahrt ist aber auch mit dem Boot möglich, womit der See aus einer anderen Perspektive betrachtet werden kann.

Zielgruppe:

Für den Pfad wurde keine Zielgruppe definiert. Eine Bereicherung ist der Pfad auf jeden Fall für alle, die bei einem landschaftlich schönen Spaziergang entlang des Sees einige aufschlussreiche Informationen über den Weissensee erhalten wollen, und natürlich für alle Petrijünger.

Wassererlebnisweg Rattendorf

Kärnten

Kurzbeschreibung:

Entlang des Wassererlebnisweges, der immer wieder an den Dobersbach und die Gail heranführt, lernen Besucher die lebenswichtige, aber auch zerstörerische Kraft des Wassers kennen. Statistisch gesehen wurde die Ortschaft Rattendorf in der Vergangenheit alle sieben Jahre von schweren Überschwemmungen und Vermurungen heimgesucht.

Foto 6.18: Diese Pulttafel erzählt vom Bau und von der Funktion des Ringdammes um Rattendorf. Während der Ort selbst vom Wasser verschont bleibt, fungiert der Talraum außerhalb des Dammes als wichtiges Rückhaltebecken für die Wassermassen der Gail.

Aus Sicherheitsgründen wurde daher um den Ort ein Ringdamm errichtet. Infotafeln wie beispielsweise die „Kraft der wilden Bäche", „Das entfesselte Element", „Ringdamm Rattendorf", „Leben am Schutzdamm" oder „Es klappert die Mühle" führen die vielen Gesichter des Elementes Wasser vor Augen. Ein vollkommen verbogener Stahlträger einer vom Hochwasser zerstörten Brücke verdeutlicht die imposante Kraft des Wassers. Angelegte Grill- und Rastplätze, die mit Flusssteinen und Treibholz gestaltet sind, laden zum Verweilen ein.

Aufbau des Lehrpfades:

Weglänge:	4 km; Rundweg, für Kinderwagen geeignet
Lehrpfadtyp:	Klassischer Lehrpfad
Art der Vermittlung:	beschreibend
Medien zur Vermittlung:	🗗 ❀

Ausstattung und Pflege:

Äußeres Wegeleitsystem	◖
Erholungsinfrastruktur	●
Inneres Wegeleitsystem	●
Touristisches Angebot	●
Eingangstafel	●
Pflegezustand	●

Ausgangspunkt:

Ringdamm, gleich bei der Ortseinfahrt

Information:

Tourismusinformation Hermagor, 9620 Hermagor
www.hermagor.at

Analyse:

Thema und Umsetzung:

Die durch das Hochwasser geprägte Situation des Ortes und die daher notwendigen Schutzmaßnahmen prägen die Inhalte des Wassererlebnisweges. Die Grundlage bilden lokale Ereignisse, wodurch das Thema hohe Authentizität bekommt, was besonders durch den verbogenen Brückenpfeiler veranschaulicht wird. Auch wenn die Aufbereitung selbst auf klassische Weise durch Schilder und beschreibende Vermittlung erfolgt, handelt es sich hier um einen wirklich gut konzipierten Pfad, der das gewählte Thema spannend und aufschlussreich präsentiert. Die Bezeichnung als „Erlebnisweg" ist eigentlich nicht richtig.

Die Stationen bilden Pulttafeln aus Metall, die auf Holzstehern befestigt und gut in der Landschaft integriert sind. Die grafisch ansprechend und übersichtlich gestalteten Tafeln mit interessant formulierten Inhalten folgen einem einheitlichen Design. Der Eisvogel, ein typischer Flussbewohner, bildet die Grundlage des Logos, das auf allen Tafeln zu finden ist. Spannende Überschriften wie die „Kraft der wilden Bäche" oder „Das

Foto 6.19: Der durch ein Hochwasser verbogene Brückenpfeiler steht symbolhaft für die gewaltige Kraft des Wassers.

entfesselte Element" regen zum Weiterlesen an, zahlreiche Bilder von verschiedenen Hochwasserereignissen erzeugen Betroffenheit und verdeutlichen die Erfordernis des Ringdammbaues.

Obwohl der Themenweg gleich bei der Ortseinfahrt beginnt, wäre ein Wegweiser zum Ausgangspunkt vorteilhaft.

Zielgruppe:

Es gibt keine spezielle Zielgruppendefinition. Der Pfad ist für alle attraktiv, die sich ein Bild von den Auswirkungen von Hochwässern und den davor möglichen Schutzmaßnahmen, die auch den Natur- und Landschaftsschutz berücksichtigen, machen möchten. Vom Thema und der Umsetzung her spricht er Erwachsene an.

Klangwanderweg – Millstätter Schlucht

Kärnten

Kurzbeschreibung:

Der Klangwanderweg lädt zu einer „Hörreise" durch die Millstätter Schlucht ein. Anders als bei sonstigen Lehrpfaden sollen sich die Besucher hier die umgebende Landschaft vor allem akustisch erschließen. Entlang des Weges werden die unterschiedlichsten Klangbiotope – sprich Lebensräume – wie beispielsweise Wald, Kultur- und Naturlandschaft, Gebirgsbach, „Hörmüll" oder Wiese durchwandert. Der akustische Höhepunkt wird beim Herzogfall erreicht. Die Schluchtwanderung ist aber nicht nur für die Ohren, sondern auch für die Augen ein Genuss. Unterstützung dabei bietet eine eigene Broschüre, die sowohl Anregungen und Hilfestellungen zum „Hören" als auch Informationen zu den einzelnen Hörfeldern liefert.

Foto 6.20: Die einzelnen Hörfelder sind durch Metalltafeln gekennzeichnet. Anregungen, was beim Klangbiotop Gebirgsbach alles „er-hört" werden kann, gibt die Broschüre.

Aufbau des Lehrpfades:

Weglänge:	reine Gehdauer ca. 1 Stunde, Rundweg
Lehrpfadtyp:	Sensorischer Lehrpfad
Art der Vermittlung:	beschreibend, sensorisch
Medien zur Vermittlung:	

Ausstattung und Pflege:

Äußeres Wegeleitsystem	●
Erholungsinfrastruktur	●
Inneres Wegeleitsystem	◖
Touristisches Angebot	●
Eingangstafel	○
Pflegezustand	◖

Ausgangspunkt:

Brückenwirt in Obermillstatt

Information:

Millstätter Tourismus, 9872 Millstatt
www.millstaettersee.at

Analyse:

Thema und Umsetzung:

Das Thema des Pfades ist die bewusste Wahrnehmung einer Landschaft auf akustischer Ebene, als Gegensatz zu der im Alltag meist vorherrschenden optischen Reizüberflutung. Die Idee, die Schluchtwanderung als „Hörreise" zu gestalten und statt „Sehenswürdigkeiten" „Hörenswürdigkeiten" zu präsentieren, ist originell und hebt sich dadurch deutlich von anderen Umsetzungen ab. Von seiner Umsetzung her gehört der Pfad zu den sensorischen Lehrpfaden.

Die Stationen bestehen aus „Hörfeldern", die durch kleine Metalltafeln mit einem Ohr als Logo gekennzeichnet sind. Die Beschreibungen zu den Hörfeldern in der Broschüre sind in drei Teile gegliedert: 1) Allgemeine Beschreibung der sichtbaren Naturerscheinungen, 2) Beschreibung der hörbaren Naturerscheinungen, 3) Anregungen zum bewussten Er-hören der vorher beschriebenen Naturerscheinungen anhand konkreter Höraufgaben. Zusätzlich werden einige Vogelarten, deren Gesang während der Wanderung erlauscht werden kann, vorgestellt. Die Broschüre selbst ist gut zu handhaben und enthält viele aufschlussreiche Informationen zum Vorgang des Hörens sowie eine Beschreibung der Landschaft um Millstatt. Das Begehen des Weges ohne Broschüre macht keinen Sinn, da bei den Stationen mit Ausnahme der Nummer des Hörfeldes keine Information angebracht ist.

Schade war, dass bei der Besichtigung 3 von 9 Hörfeldern nicht gefunden werden konnten, wobei nicht klar war, ob dies an der ungenauen Wegemarkierung lag oder die Markierungen überhaupt nicht mehr vorhanden waren.

Zielgruppe:

Der Pfad wurde für keine spezielle Zielgruppe konzipiert. Ein spannendes Klangerlebnis können alle jene erleben, die bereit sind, sich auf die Anregungen zum bewussten Hören und Wahrnehmen einzulassen.

Überblick über weitere Pfade zum Thema Wasser

Name	Umsetzung	Information/Kontakt	BL
Lebensweg	?	Naturpark Raab 8385 Mühlgraben www.naturpark-raab.at	B
Gartlfall – Nach innen horchen		Nationalpark Hohe Tauern 9843 Großkirchheim www.hohetauern.at	K
Naturlehrweg „Malteiner Wasserspiele"		Nationalpark Hohe Tauern 9854 Malta www.hohetauern.at	K
Flusslehrpfad		Naturpark Kamptal-Schönberg 3562 Schönberg am Kamp www.schoenberg.gv.at	NÖ
Wasserlehrpfad		Natur- und Wildpark Buchenberg 3340 Waidhofen/Ybbs www.tierpark.at	NÖ
Bachlehrweg Hollersbachtal		Gemeinde Hollersbach 5731 Hollersbach www.hohetauern.at	S
Krimmler Wasserfälle – Rundwanderweg		Österreichische Alpenvereinssektion Warnsdorf/ Krimml 5743 Krimml www.wasserfaelle-krimml.at	S
Aquazelle Altenberg	?	Gemeinde Altenberg 8691 Altenberg an der Rax www.altenberg-rax.com	Stmk
Wasserschaupfad Gragger Schlucht		Naturpark Grebenzen 8820 St. Marein bei Neumarkt www.naturpark-grebenzen.at	Stmk
Wassererlebnisweg St. Jakob im Defreggental		Nationalpark Hohe Tauern 9963 St. Jakob im Defreggental www.hohetauern.at	T
Wasserschaupfad Umbalfälle		Nationalpark Hohe Tauern 9974 Prägarten/Großvenediger www.hohetauern.at	T

6.2.4 Geologie

„Der Weg durch den Vulkan" – GeoTrail Kapfenstein

Steiermark

Kurzbeschreibung:

Hätten Sie vor zwei Millionen Jahren diese Landschaft besucht, würden Sie nun auf einer von zahlreichen Vulkanen durchzogenen, weiten Ebene stehen, eingehüllt in Rauch und Asche. Der GeoTrail führt durch die Schichten des Vulkans von Kapfenstein und präsentiert ein spektakuläres Kapitel der Erdgeschichte. Erklärt werden die Hintergründe, die zur Entstehung der Vulkane geführt haben, deren Aufbau, ihre Funktion als Baumeister und vieles mehr. Drei speziell installierte Fernrohre ermöglichen sogar einen Blick in die Vergangenheit. Die Wanderung führt durch die wunderschöne Landschaft der Südoststeiermark. Zur Vorbereitung auf die Vulkanwanderung oder um die Inhalte nach einem Besuch noch einmal Revue passieren zu lassen und sich in das Thema zu vertiefen, ist die angebotene Informationsbroschüre der ideale Begleiter.

Foto 6.21: Die auffällige Form der Tafeln, deren Rosetten die Assoziation mit ausströmender Lava aufkommen lassen, ist kennzeichnend für den „Weg durch den Vulkan".

Aufbau des Lehrpfades:

Weglänge:	2 km; Rundweg
Lehrpfadtyp:	Klassischer Lehrpfad mit interaktiven Elementen
Art der Vermittlung:	beschreibend, interaktiv
Medien zur Vermittlung:	?

Ausstattung und Pflege:

Äußeres Wegeleitsystem	○
Erholungsinfrastruktur	●
Inneres Wegeleitsystem	●

Touristisches Angebot ●
Eingangstafel ●
Pflegezustand ●

Ausgangspunkt:

Kapfensteiner Hof

Information:

Gemeindeamt Kapfenstein, 8353 Kapfenstein
www.kapfenstein.at

Analyse:

Thema und Umsetzung:

Der Pfad erzählt von der geologischen Entstehungsgeschichte der Region, die stark vom Vulkanismus geprägt ist. Er hilft den Besuchern die Spuren der Vergangenheit in der Landschaft zu erkennen und zu deuten. Vulkane und ihr nach wie vor geheimnisvolles Wesen sind für viele ein faszinierendes Thema. Auch wenn es in der Region keinen aktiven Vulkan mehr gibt, beziehen sich die Inhalte hauptsächlich auf direkt sichtbare Phänomene. Die Aufbereitung des Themas geschieht anhand von Schildern, die Besucher werden aber immer wieder direkt angesprochen („Sie stehen hier im Schlot des alten Vulkans“) und aufgefordert, bestimmte Objekte zu betrachten oder zu suchen („Können Sie die Stücke im Felsen vor Ihnen entdecken?“).

Die Informationstafeln wurden einheitlich als kreisrunde farbige Metalltafeln, die mit einer handgeschmiedeten Rosette umrahmt sind, konzipiert. Der Pfad bekommt dadurch ein einprägsames Erscheinungsbild und hebt sich von den traditionell verwendeten, viereckig geformten Tafeln deutlich ab. Die Texte sind trotz des wissenschaftlichen Themas sehr lebhaft formuliert, immer wieder durch Fragen aufgelockert und gut mit Fotos und schematischen Zeichnungen illustriert. Bei einigen Stationen entsteht vor dem inneren Auge tatsächlich ein Vulkanausbruch. Zahlen im Text sind teilweise mit Vergleichen untermauert, um die Größenordnung verständlich zu machen: Ein Beispiel: Die Menge an Material, die bei einem

6.22: Mit Hilfe dieses Fernrohres kann ein Blick in die Vergangenheit des Stradner Vulkans geworfen werden.

Ausbruch herausgeschleudert wurde, lag bei 500.000 m³. Klingt beeindruckend, aber wie viel ist das wirklich? Die Erklärung, dass diese Menge beim Abtransport in etwa 100.000 Lastwagen benötigen würde, was wiederum zu einer Lastwagenkolonne von Kapfenstein nach München und retour führen würde, macht die Dimension deutlich.

In der Broschüre finden sich viele zusätzliche Informationen zum Thema, die Texte der einzelnen Stationen sind ebenfalls enthalten. Die Broschüre ist im angrenzenden Gasthaus erhältlich, wie der Eingangstafel zu entnehmen ist.

Zielgruppe:

Eine explizit angeführte Zielgruppe für den Pfad gibt es nicht. Spannend ist er für alle, Touristen und ansässige Bevölkerung, die sich für die Entstehung der Landschaft und den Vulkanismus interessieren. Gut ist der Hinweis gleich auf der Eingangstafel, dass der Weg teilweise steil bergauf führt und daher für bestimmte Besuchergruppen (Gehbehinderung, Kinderwagen) nicht geeignet ist.

Geologiepark „Von der Lagune zum Hochgebirge" — Salzburg

Kurzbeschreibung:

Im Geologiepark ermöglicht eine kurze Wanderung entlang der Saalach in St. Martin am Lofer eine Zeitreise durch die Jahrmillionen der Erdgeschichte. Erzählt wird über die Thetys, das ehemalige Ur-Mittelmeer, die Gewalt der Gletscher während der Eiszeit und davon, wie in Gletschermühlen Gletschertöpfe entstehen. Mit Hilfe eines Handrades werden die verschiedenen Epochen der Gebirgsbildung vorgestellt. Wer Lust hat, kann in der Umgebung nach „Hirsch- oder Kuhtritten" suchen. Das Geheimnis, das sich hinter diesen Begriffen verbirgt, und dass diese Spuren keineswegs von Hirschen oder Kühen stammen, lüftet die Station zwei.

Aufbau des Lehrpfades:

Weglänge:	1 km; Rundweg; für Kinderwagen geeignet
Lehrpfadtyp:	Klassischer Lehrpfad mit interaktiven Elementen
Art der Vermittlung:	beschreibend, interaktiv
Medien zur Vermittlung:	?

Ausstattung und Pflege:

Äußeres Wegeleitsystem	○
Erholungsinfrastruktur	●
Inneres Wegeleitsystem	◖
Touristisches Angebot	●
Eingangstafel	●
Pflegezustand	●

Foto 6.23: Der Schaukasten vermittelt einen Eindruck davon, wie es in St. Martin vor 250 Millionen Jahren ausgesehen hat. Ein Badeurlaub im Ur-Mittelmeer wäre hier möglich gewesen.

Ausgangspunkt:

5092 St. Martin/Lofer, neben der Straße zum Ortsteil Strohwolln

Information:

Tourismusverband Salzburger Saalachtal, 5090 Lofer
www.salzburger-saalachtal.info

Analyse:

Thema und Umsetzung:

Der Pfad beschreibt die Entstehungsgeschichte der Erde. Der gut gewählte Titel „Von der Lagune zum Hochgebirge" macht neugierig auf die Inhalte. Die einzelnen Sachverhalte werden immer basierend auf den natürlichen Gegebenheiten vor Ort erklärt, wodurch ein klarer lokaler Bezug entsteht. Die Umsetzung des Themas erfolgt durch Schilder, aufgelockert mit interaktiven Anregungen und einem Schaukasten.

Der Pfad besteht aus zwei senkrecht aufgestellten Informationstafeln aus einem überdachten Holzrahmen mit einer folierten Metallplatte im einheitlichen Layout und dem Schaukasten. Die Inhalte sind gut gegliedert, teilweise könnten sie allerdings etwas lebhafter formuliert sein. Die Besucher werden aber durch Suchaufgaben und ein Drehrad, mit dem sie durch die Gebirgsbildungsepochen reisen können, aktiv miteingebunden. Obwohl der Weg mit nur drei Stationen an sich sehr kurz ist, machen ihn die Wegeführung an der rauschenden Saalach, die Gletschermühle und die Felsen mit den vielen Fossilien zu einem schönen Erlebnis.

Zielgruppe:

Auch für diesen Pfad gibt es keine spezielle Zielgruppendefinition. Aufgrund der kurzen, aber landschaftlich sehr attraktiven Wegeführung und der leichten Begehbarkeit bietet er sich gut für einen kleinen informativen Spaziergang an. Erwachsene, vielleicht auch Kinder, werden Interessantes und Neues über die Entstehung der Landschaft erfahren.

Überblick über weitere Pfade zum Thema Geologie

Name	Umsetzung	Information/Kontakt	BL
Stoagupf		Naturpark Raab 8380 Jennersdorf www.naturpark-raab.at	B
Blockgletscherweg im Dösental bei Mallnitz		Nationalpark Hohe Tauern 9822 Mallnitz www.hohetauern.at	K
Geo Trail Tauernfenster		Nationalpark Hohe Tauern 9844 Heiligenblut www.hohetauern.at	K
Gletscherweg Pasterze		Nationalpark Hohe Tauern 9844 Heiligenblut www.hohetauern.at	K
Erdgeschichte selbst erleben	?	Tourismus-Info Eggenburg 3730 Eggenburg www.eggenburg.at	NÖ
Granit-TOUR		Naturpark Blockheide Eibenstein – Gmünd 3950 Gmünd www.blockheide.at	NÖ
Geologischer Lehrpfad Phyrn-Priel (Steinschau)		Marktgemeinde Windischgarsten 4580 Windischgarsten www.windischgarsten.at	OÖ
Geologischer Steinlehrpfad in Neuhaus/Plöcking	?	Verein Erlebniswelt Granit 4144 Neuhaus, Plöcking	OÖ
Steinlehrpfad		Gemeinde Rechberg 4322 Rechberg www.naturpark-muehlviertel.at	OÖ
Themenweg Millionenweg		Marktgemeinde Windischgarsten 4580 Windischgarsten www.windischgarsten.at	OÖ
Eiszeit-Rundweg in Henndorf		Tourismusverband Henndorf 5302 Henndorf	S

Geologischer Lehrpfad Habachtal		Nationalpark Hohe Tauern 5733 Bramberg www.hohetauern.at	S
Gletscherlehrweg Obersulzbachtal		Tourismusverband Neukichen 5741 Neukichen am Großvenediger www.hohetauern.at	S
Gletscherlehrweg Ödenwinklkees		Zukunftskollegium Uttendorf 5723 Uttendorf www.hohetauern.at	S
Gletscherlehrweg Sonnblickkees		Zukunftskollegium Uttendorf 5723 Uttendorf www.hohetauern.at	S
Auf den Spuren der Eiszeit-Rundweg in Mariahof		Naturpark Grebenzen 8812 Mariahof www.naturpark-grebenzen.at	Stmk
Eiszeitlicher Wanderweg		Naturpark Grebenzen 8812 Mariahof www.naturpark-grebenzen.at	Stmk
Geo-Erlebnisweg Loser		LOSER Bergbahnen GmbH 8992 Altaussee www.loser.at	Stmk
GeoPfad Gams		Tourismusverein Gams 8922 Gams bei Hieflau www.eisenwurzen.com	Stmk
Geo- Trail Grundlsee		Tourismusverband Grundlsee 8993 Grundlsee www.grundlsee.at	Stmk
Gletscherlehrweg Innergschlössl		Alpenverein 9971 Matrei in Osttirol www.hohetauern.at	T
Gletscherweg „Berliner Hütte"		Hochgebirgs – Naturpark Zillertaler Alpen 6295 Ginzling www.naturpark-zillertal.at	T
Geologielehrpfad		Amt der Landeshauptstadt Bregenz, Land- und Forstwirtschaft 6900 Bregenz	V

St. Laurent Weinwanderweg

Niederösterreich

Kurzbeschreibung:

Im „Kleinen Ort der großen Weine“, im niederösterreichischen Tattendorf, wird bereits seit dem 13. Jh. Weinbau betrieben. Durch die trockenen, kalkreichen Schwemmlandböden gedeihen hier besonders qualitätsvolle Rotweine, unter anderem auch der St. Laurent. Der Weinwanderweg führt durch die Weinriede und informiert über die große Bedeutung des Weinbaus für den Ort, die hier angebauten Weinsorten und über die notwendigen klimatischen und bodenkundlichen Voraussetzungen, um einen Jahrhundertwein zu produzieren. Der Naschgarten lädt zum Verkosten von alten Obstsorten ein. Zum Vertiefen der neuen Erkenntnisse über den Weinbau warten zahlreiche Buschenschanken auf die Besucher.

Foto 6.24: Mit dem Weinklimarad kann jeder zum Hobbywinzer avancieren und – zumindest theoretisch – seinen eigenen Jahrhundertwein produzieren. Auf spielerische Art lernen die Besucher dabei die notwendigen klimatischen Bedingungen für den Weinbau kennen.

Aufbau des Lehrpfades:

Weglänge:	2,5 km; Rundweg; für Kinderwagen und Rollstuhlfahrer geeignet
Lehrpfadtyp:	Klassischer Themenweg mit interaktiven und sensorischen Elementen
Art der Vermittlung:	beschreibend, interaktiv, sensorisch
Medien zur Vermittlung:	?

Ausstattung und Pflege:

Äußeres Wegeleitsystem	○
Erholungsinfrastruktur	●
Inneres Wegeleitsystem	◐
Touristisches Angebot	●
Eingangstafel	◐
Pflegezustand	●

Ausgangspunkt:

Friedhofsweg in Tattendorf

Information:

Gemeindeamt Tattendorf, 2523 Tattendorf
www.tattendorf.at

Analyse:

Thema und Umsetzung:

Tattendorf genießt seine überregionale Bekanntheit vor allem aufgrund der besonderen Weine, die hier gekeltert werden. Es liegt also nahe, den Weinbau für die Besucher anhand eines Themenweges aufzubereiten. Im Gegensatz zu vielen älteren Weinlehrpfaden in Österreich, die sich ausschließlich auf die Beschreibung von einzelnen Traubensorten beschränkten, wird das Thema hier wesentlich breiter und vor allem fantasievoller präsentiert. Auch wenn ein Großteil der Inhalte über Informationstafeln transportiert wird, sind diese sehr interessant zum Lesen. Ergänzungen wie das Weinklimarad, der Naschgarten, die Schottergrube, aber auch die zahlreichen Erholungsinfrastruktureinrichtungen wie Sitzgelegenheiten, Aussichtsplätze, Spielplatz und Liegewiesen und schlussendlich die umliegenden Buschenschanken machen die Wanderung zu einem genussvollen Erlebnis.

Die Informationstafeln bestehen aus Metall und sind senkrecht auf einen Metallsteher montiert. Die grafische Gestaltung ist ansprechend, die Texte gut gegliedert und übersichtlich. Ein eigen entwickeltes Logo, der Laurentius, trägt zum einheitlichen Erscheinungsbild bei. Somit wurden auch für die Logogestaltung lokale Gegebenheiten als Basis genommen, denn der hl. Laurentius ist Schutzpatron für den Tattendorfer St. Laurent.

Damit auch wirklich jeder Besucher den Ausgangspunkt des Pfades findet, wäre die Implementierung eines äußeren Wegeleitsystems sinnvoll. Die Eingangstafel sollte mit einer Angabe über die Weglänge bzw. Gehdauer ergänzt werden.

Zielgruppe:

Es gibt keine Festlegung auf eine bestimmte Zielgruppe. Errichtet wurde der Pfad mit dem Ziel, den Touristen und der lokalen Bevölkerung eine attraktive und informative Spaziermöglichkeit zu bieten. Ausgehend vom Thema werden Erwachsene klarerweise mehr am Pfad interessiert sein.

Lehrobstwiese Unterkagererhof

Oberösterreich

Kurzbeschreibung:

Auf einer Streuobstwiese, die einen als Museum genutzten typischen Mühlviertler Bauernhof in der Nähe von Auberg umgibt, erfahren Besucher mehr über die vielfältigen Funktionen von Obstwiesen. Die Tafeln berichten über die geschichtliche Entwicklung des Obstbaus, vom Aufbau eines Apfelbaums, der ökologischen Bedeutung von Obstbäumen und über die Köstlichkeiten aus der Obstwiese. Der Aussage, dass der Oberösterreicher ein Mostschädel sei, wird ebenfalls nachgegangen. Zahlreiche Obstbäume bieten ein sinnliches Erlebnis: sei es im Frühling während der Baumblüte oder im Herbst beim Ausprobieren der unterschiedlichen Obstsorten. Kinder zwischen 8 und 12 Jahren können die Geheimnisse der Obstwiese auf spielerische Art anhand einer eigenen Broschüre entdecken.

Aufbau des Lehrpfades:

Weglänge:	ca. 0,7 km; Rundweg auf der Obstwiese; für Kinderwagen geeignet
Lehrpfadtyp:	Klassischer Lehrpfad mit interaktiven und sensorischen Elementen
Art der Vermittlung:	beschreibend, interaktiv, sensorisch
Medien zur Vermittlung:	

Ausstattung und Pflege:

Äußeres Wegeleitsystem	○
Erholungsinfrastruktur	◖
Inneres Wegeleitsystem	n.n
Touristisches Angebot	◖
Eingangstafel	●
Pflegezustand	◖

Ausgangspunkt:

Erlebnis- und Denkmalhof Unterkagerer bei Auberg

Information:

Österreichische Naturschutzjugend Kasten, 4170 Haslach, www.oenj.at

Analyse:

Thema und Umsetzung:

Thema des Pfades ist die Darstellung der vielfältigen Bedeutungen und Funktionen von bäuerlichen Obstwiesen. Bäuerliche Obstwiesen sind typische Bestandteile der Mühlviertler Kulturlandschaft, wodurch ein lokaler bzw. regionaler Bezug entsteht. Die Lehrobstwiese ist eine ideale Ergänzung zu den Führungen im musealen Hof, da sie mit dem Selbstversorgerobstbau einen weiteren wichtigen Bereich des früheren bäuerlichen Wirtschaftens beschreibt.

Foto 6.25: Informationstafeln erzählen den interessierten Besuchern über die vielfältigen Funktionen der bäuerlichen Obstwiesen.

Die Basis der Lehrobstwiese bilden Tafeln, die von der Bedeutung und Funktion der bäuerlichen Obstwiesen erzählen. Erweitert wird das Angebot durch eine Broschüre für Kinder von 8 bis 12 Jahren, deren Ziel darin liegt, Kinder, Eltern und Lehrer zum Erforschen und Erleben der Obstwiese zu motivieren. Als Einstieg in das jeweilige Thema (Ein tierischer Treffpunkt, Das Große Suchen – Obstarten in Hülle und Fülle, Im Schlaraffenland Obstwiese, Bunt wie ein Regenbogen) gibt es eine kurze kindgerechte Information, die dann aktiv durch Naturerfahrungsspiele, Rätsel-, Mal-, Such- oder Kartierungsaufgaben nachvollzogen werden kann. Eine weitere Broschüre richtet sich an Hauptschulen bzw. AHS-Unterstufen. Lehrer können damit im Rahmen eines Projekttages oder Lehrausganges das Thema Obstwiese direkt vor Ort erarbeiten. Die Mappe besteht aus Arbeitsblättern, die unterschiedlichste Themen der Obstwiese altersgemäß aufbereiten. Auch für die Erwachsenen gibt es eine eigene Broschüre, die Beschreibungen von Obstsorten, Rezepte etc. enthält. Das Logo des Pfades, ein Apfel, aus dem ein Baum wächst, findet sich auf allen Tafeln und Broschüren.

Zielgruppe:

Durch den Einsatz von Broschüren ist die Lehrobstwiese für mehrere Zielgruppen interessant. Die Tafeln direkt auf der Obstwiese sind als Zusatzangebot für die Besucher des Museums am Unterkagererhof gedacht. Die Broschüren, die gezielt Kinder ansprechen, enthalten zahlreiche Anregungen und Tipps zum Wahrnehmen der Obstwiese mit allen Sinnen, womit sich der Lehrpfad für diese Gruppe zu einem Naturerlebnispfad erweitert.

1. Österreichischer Schnapslehrpfad — Steiermark

Kurzbeschreibung:

Kaum zu glauben, aber Maria Theresia kann beinahe als Schutzherrin der Schnapsbrenner bezeichnet werden, war sie es doch, die das Schnapsbrennen erstmals gesetzlich geregelt hat. Der Hödl-Hof in Stubenberg/See besitzt noch ein solch altes Maria-Theresien-Brennrecht. Bei einem Spaziergang durch die Obstgärten und Wälder des Hofes erfahren die Besucher alles Wissenswerte über die Herstellung von Edelbränden, angefangen von der Frucht bis zur richtigen Lagerung der Destillate. Wer beim lehrreichen Spaziergang auf den Geschmack kommt, kann anschließend das hofeigene Schnapsmuseum besichtigen und den Besuch mit einer Schnapsverkostung abrunden.

Foto 6.26: Am Anfang jeder Schnapsherstellung steht die Frucht. Bei einer Wanderung durch die Obstgärten am Hödl-Hof kann sich jeder wichtige Tipps für eine erfolgreiche Schnapsherstellung holen.

Aufbau des Lehrpfades:

Weglänge:	1,5 km; Rundweg
Lehrpfadtyp:	Klassischer Themenweg
Art der Vermittlung:	beschreibend
Medien zur Vermittlung:	

Ausstattung und Pflege:

Äußeres Wegeleitsystem	●
Erholungsinfrastruktur	◖
Inneres Wegeleitsystem	◖
Touristisches Angebot	●
Eingangstafel	◖
Pflegezustand	●

Ausgangspunkt:

Hödl-Hof in Stubenberg/See

Information:

Hödl-Hof, 8223 Stubenberg/See
www.edelbrand.at

Analyse:

Thema und Umsetzung:

Am Hödl-Hof werden hochwertige Edelbrände erzeugt und verkauft. Die Anlage des Pfades zum Thema Schnapsherstellung ist eine zusätzliche Attraktion des sonstigen Angebotes am Hof wie Schnapsmuseum, -verkostungen, Führungen und Ab-Hofverkauf. Die Besucher können sich zuerst unverbindlich entlang des Pfades informieren, um auf den Geschmack zu kommen. Die Umsetzung des Themas erfolgte in klassischer Manier durch Informationstafeln, spätestens bei der Verkostung der Schnäpse, die am Hof gebrannt werden, kommen einige Sinne zum Einsatz. Die einzelnen Stationen bestehen aus senkrecht aufgestellten Informationstafeln und folgen einem einheitlichen Design. Die folierten Metalltafeln sind an Holzstehern befestigt. Das Layout der Tafeln ist sehr einfach gehalten, die Inhalte leicht verständlich formuliert und übersichtlich gegliedert. Das Logo wurde passend zum Thema als „lebendiges" Schnapsglas mit Schnapsnase ausgeführt.

Zielgruppe:

Eine Zielgruppendefinition ist für den Pfad wohl nicht notwendig, da sie sich durch das Thema automatisch ergibt: Personen, die Interesse an der Herstellung oder Verkostung von Edelbränden haben, werden sich angesprochen fühlen.

Erlebnisweg Höflein „Mit allen Sinnen genießen"

Niederösterreich

Kurzbeschreibung:

Entlang des Weges werden unterschiedliche Aspekte der Entwicklung der Natur- und Kulturlandschaft der Region um die Hohe Wand dargestellt. Zahlreiche Informationstafeln berichten über die Entstehung der Hohen Wand, die Geschichte der Region, die Lebens-

Foto 6.27: Die landschaftliche Kulisse mit schönen Ausblicken auf die Hohe Wand entlang des Themenweges Höflein ist sehr reizvoll.

kultur der Bevölkerung und die Besonderheiten der Landschaft. Der Startpunkt des Weges befindet sich in der Nähe der Wallfahrtskirche. Die Route führt durch Wälder und Felder, dann durch die Ortschaften entlang der Hauptstraße, weiter durch Felder wieder zum Ausgangspunkt zurück.

Aufbau des Lehrpfades:

Weglänge:	8 km; Rundweg
Lehrpfadtyp:	Klassischer Themenweg
Art der Vermittlung:	beschreibend
Medien zur Vermittlung:	

Ausstattung und Pflege:

Äußeres Wegeleitsystem	●
Erholungsinfrastruktur	◖
Inneres Wegeleitsystem	◖
Touristisches Angebot	●
Eingangstafel	◖
Pflegezustand	○ - ◖

Foto 6.28: Vom arbeitsreichen Leben, aber freundlichen und bescheidenen Wesen der Pecher von Höflein erzählt diese Tafel.

Ausgangspunkt:

Nähe Wallfahrtskirche Höflein an der Hohen Wand

Information:

Gemeindeamt Höflein, 2732 Höflein an der Hohen Wand
www.hoeflein.com

Analyse:

Thema und Umsetzung:

Grundlage für den Pfad ist die Landschaft und die Bevölkerung der Region Hohe Wand. Die einzelnen Stationen beziehen sich auf vor Ort sichtbare Gegebenheiten oder erzählen von hier stattgefundenen Ereignissen. Das landschaftliche und kulturhistorische Potenzial der Region wurde gut in den Pfad integriert. Die Inhalte werden ausschließlich beschreibend auf Schildern vermittelt. Irritierend bei diesem klassischen Themenweg ist, dass er als Erlebnisweg unter dem Titel „Mit allen Sinnen genießen" beworben wird. Es werden damit Erwartungshaltungen ausgelöst, die durch die konventionelle Umsetzung als reinen Schilderpfad nicht erfüllt werden können. „Mit allen Sinnen genießen" würde bedeuten, interaktive und sensorische Stationen in die Konzeption miteinzubeziehen. Durch eine Bezeichnung als Themenweg, der die Geschichte und Besonderheiten der Region beschreibt, würde er den Erwartungen viel eher gerecht werden.

Die Stationen bestehen aus Tafeln in Pultform, die gut in die Landschaft passen. Das Layout der Tafeln ist einheitlich, wichtige Textpassagen sind farblich hervorgehoben und werden durch Grafiken und Bilder unterstützt. Die ursprünglich roten Textpassagen von einigen Tafeln sind allerdings sehr stark ausgebleicht und kaum mehr lesbar. Die Texte sind unterhaltsam zu lesen, allein die Textmenge ist manchmal etwas umfangreich.

Zielgruppe:

Als Zielgruppe wurden alle Besucher und Wanderer der Region definiert. Die landschaftliche Kulisse (Blick auf die Hohe Wand) entlang des Weges ist sehr schön. Die Wegeführung ist allerdings nicht durchgehend ansprechend, da ein Teil der Strecke auf Straßen zurückgelegt werden muss, was jedoch den Vorteil mit sich bringt, an einigen Gastronomiebetrieben vorbeizukommen.

Mitterberger Erzweg „Auf den Spuren der Bergleute" — Salzburg

Kurzbeschreibung:

Bereits vor über 5000 Jahren wurde am Mitterberg, hoch über Mühlbach am Hochkönig, Erz abgebaut. Die Wanderung führt entlang des alten Mitterberger Erzweges vorbei an eingestürzten Schächten, alten Stollen und Schmelzplätzen nach Mühlbach und erzählt die Geschichte des Kupfer-Bergbaues. Die Besucher verfolgen dabei die verschiedenen Arbeitsschritte, die zur Herstellung von Kupfer notwendig sind, angefangen vom Abbau hoch am Berg bis hin zur Aufbereitung im Tal. So bekommen sie ein Bild von der beschwerlichen und harten Arbeit der Mühlbacher Knappen. Wer noch mehr wissen möchte, besucht das Bergbaumuseum und das Schaubergwerk.

Aufbau des Lehrpfades:

Weglänge:	5,5 km; Zielweg
Lehrpfadtyp:	Klassischer Themenweg mit interaktiven Elementen
Art der Vermittlung:	beschreibend, interaktiv
Medien zur Vermittlung:	?

Ausstattung und Pflege:

Äußeres Wegeleitsystem	○
Erholungsinfrastruktur	◖
Inneres Wegeleitsystem	◖
Touristisches Angebot	●
Eingangstafel	●
Pflegezustand	●

Foto 6.29: Die Stationen entlang des Mitterberger Erzweges beziehen sich fast immer auf vor Ort sichtbare Themen, wie hier auf den mittlerweile stillgelegten Stollen.

Ausgangspunkt:

Arthurhaus am Mitterberg (mit PKW, Wanderbus erreichbar)

Information:

Tourismusverband Mühlbach/Hochkönig, 5505 Mühlbach/Hochkönig
www.hochkoenig.at

Analyse:

Thema und Umsetzung:

Der Kupfer-Abbau war früher in der Gegend um Mühlbach von großer Bedeutung und hat deutliche Zeichen in der Landschaft hinterlassen. Informationstafeln entlang des Weges helfen den Besuchern diese Spuren zu sehen und liefern Hintergrundinformationen dazu. Auf den Tafeln wird mehrmals auf das Museum und das Schaubergwerk hingewiesen, wodurch sich diese drei Einrichtungen, die das Thema mit unterschiedlichem Schwerpunkt präsentieren, ideal ergänzen. Die Aufbereitung des Themas am Weg erfolgt durch beschreibende und interaktive Vermittlung. Die Besucher werden immer wieder direkt angesprochen und auf die vor Ort sichtbaren Gegebenheiten oder Schauobjekte hingewiesen.

Die einzelnen Stationen bestehen entweder aus reinen Informationstafeln (Metalltafeln auf einem Steher aus Holz) oder aus Tafeln, die mit interaktiven Elementen wie Klapptafel, Lenkrad oder Lupe erweitert sind. Das Layout der Tafeln ist entlang des gesamten Weges einheitlich. Die Inhalte sind gut aufbereitet und werden meist durch

Bildmaterial unterstützt. Zu Irritationen kann es beim letzten Stück der Wanderung zurück nach Mühlbach kommen, da dieser Abschnitt nicht ausreichend ausgeschildert ist.

Zielgruppe:

Ein zu überwindender Höhenunterschied von 640 m (wenn auch bergab) schränkt den Kreis potenzieller Besucher ein. Wer körperlich dazu in der Lage ist, erlebt aber einen landschaftlich wunderschönen Ausflug, bei dem ein interessantes Kapitel aus der Geschichte der Gegend präsentiert wird.

Überblick über weitere Pfade zum Thema Kulturlandschaft und Bergbau

Name	**Umsetzung**	**Information/Kontakt**	**BL**
KULTURLANDSCHAFT ALLGEMEIN			
Kulturlandschaftsweg Winklern	?	Nationalpark Hohe Tauern 9841 Winklern www.hohetauern.at	K
Kaninger Mühlenweg		ARGE Mühlenweg 9545 Radenthein/Kaning www.hohetauern.at	K
Kulturwanderweg Römerstraßen (Korntauern)		Nationalpark Hohe Tauern 9822 Mallnitz www.hohetauern.at	K
LANDSCHAFTSkulTOUR		Verein Naturpark Blockheide Eibenstein – Gmünd 3950 Gmünd www.blockheide.gmuend.at	NÖ
Marienkäferweg		Naturpark Blockheide Eibenstein – Gmünd 3950 Gmünd www.blockheide.at	NÖ
Pecherlehrpfad Hernstein		Marktgemeinde Hernstein 2560 Hernstein	NÖ
Pecherpfad Hölles		Gemeindeamt Matzendorf 2751 Matzendorf www.matzendorf-hoelles.at	NÖ
Rund um den Bisamberg		ARGE Rund um den Bisamberg 2102 Bisamberg www.bisamberg.net	NÖ
Schmiedemeile Ybbsitz		Tourismusbüro FeRRUM Ybbsitz 3341 Ybbsitz www.ybbsitz.at	NÖ
10-Mühlen-Wanderweg		Marktgemeindeamt Reichenthal 4193 Reichenthal www.reichenthal.at	OÖ
Vom Schaf zum Pantoffel	?	Fam Schiemer 5230 Schalchen/Mattighofen www.wollgartl.at	OÖ

Auf die Alm	?	Tourismusverband Salzburger Saalachtal 5093 Weißbach/Lofer www.salzburger-saalachtal.com	S
Erlebnis Landschaft	?	Tourismusverband Salzburger Saalachtal 5093 Weißbach/Lofer www.salzburger-saalachtal.com	S
Naturkundlicher Lehrweg zum Unteren Rotgüldensee		Fremdenverkehrsverein Muhr 5583 Muhr www.muhr-info.at	S
Stoakogler- Heimatwanderweg		Tourismusverband Gasen 8616 Gasen www.gasen.at	Stmk
Bergmähderweg „Vun Wiecht bis zun Kolmhaus"		Hochgebirgs-Naturpark Zillertaler Alpen 6290 Brandberg www.naturpark-zillertal.at	T
„Ginzling, von Karlsteg bis Breitlahner"		Hochgebirgs-Naturpark Zillertaler Alpen 6295 Ginzling www.naturpark-zillertal.at	T
Kulturlandschaftsweg Brandberg „Land aus Menschenhand"		Hochgebirgs-Naturpark Zillertaler Alpen 6290 Brandberg www.naturpark-zillertal.at	T
Panoramaweg Leben am Steilhang		Tourismusverband 9962 Bruggen www.hohetauern.at	T
Käsewanderweg mit Käselehrpfad, Pfänder-Eichberg-Pfänder		Eichenberg Tourismus 6900 Bregenz www.pfaenderbahn.at	V
WEIN			
1. Burgenländischer Rotweinlehrpfad		Gemeinde Horitschon 7312 Horitschon www.horitschon.at	B
1. zweisprachiger Weinwanderweg		Gemeinde Zagersdorf 7011 Zagersdorf	B
Golser Weinwanderweg		Weinbauverein Gols 7122 Gols www.weinort-gols.at	B
Uhudlerlehrpfad		Familie Pfeiffer 7562 Eltendorf www.uhudler-pfeiffer.at	B
Weinlehrpfad		Informationsbüro Naturpark Geschriebenstein 7471 Rechnitz www.naturpark-geschriebenstein.at	B

Hohenruppersdorfer Rebsorten Weingartl		Hohenruppersdorfer IMPULSE für Dorfaktivitäten 2223 Hohenruppersdorf www.hohenruppersdorf.com	NÖ
Rebsortenpfad		Weinbauverein Stoitzendorf 3730 Eggenburg www.eggenburg.at	NÖ
Riedenwanderweg Kritzendorf		Tourismusverein Klosterneuburg 3420 Kritzendorf www.kritzendorf.at	NÖ
Weinlehrpfad		Naturpark Kamptal-Schönberg 3562 Schönberg am Kamp www.schoenberg.gv.at	NÖ
Weinlehrpfad Höflein		Gemeinde Höflein, Dorf-erneuerungsverein 2465 Höflein	NÖ
Weinlehrpfad Traismauer		Tourismusbüro Traismauer 3313 Traismauer	NÖ
Weinwanderweg Retz		Tourismusverein Retz 2070 Retz	NÖ
Weinweg der Sinne		Marktgemeinde St. Anna/Aigen 8354 St. Anna am Aigen www.st-anna.at	Stmk
OBST/FELDFRÜCHTE			
Apfelweg „Kulinarische Reise durchs Apfeljahr“	?	Naturpark Raab 8385 Neuhausen am Klausenbach www.naturpark-raab.at	B
Mohnlehrpfad		Mohndorfgemeinschaft Armschlag 3525 Armschlag www.mohndorf.at	NÖ
Hopfensteig		Gemeinde St. Ulrich 4120 St. Ulrich im Mühlkreis www.hopfenland.at, www.hansbergland.at	OÖ
BIENEN			
Bienenerlebnisweg	?	Tourismusverband Zwettl/Rodl 4180 Zwettl an der Rodl www.zwettl.rodl.at	OÖ
Bienenlehrpfad und Naschgarten		Loryhof 4942 Wippenham www.loryhof.at	OÖ
Honigschleuderweg		Gabriele Reutner 4391 Waldhausen www.wachszieher.at	OÖ
Bienenlehrpfad Göriach		Lungauer Imker 5571 Göriach/Lungau www.bienenlehrpfad.at	S
Bienenlehrpfad		Stadtgemeinde St. Andrä 9433 St. Andrä	K

6.2.6 Geschichte

„Kelten.Baum.Weg" — Oberösterreich

Kurzbeschreibung:

Vor vielen, vielen Jahren lebten rund um den Kogelberg, der sich im Westen von St. Georgen i. Attg. erhebt, die Kelten. Die trifft man heute nur mehr ganz selten, seit geraumer Zeit entführt aber der Kelten.Baum.Weg auf eine Zeitreise in die geheimnisvolle Welt der Kelten. Die Besucher erfahren, dass die Kelten an die Anderswelt glaubten und dass ihre Götter in Bäumen, Steinen, Flüssen und Quellen wohnten. Aber auch was der modebewusste Kelte von damals trug und dass seine Lieblingsbeschäftigung das Feiern war, bleibt kein Geheimnis. Informationstafeln erzählen, wie unentbehrlich Bäume früher für die Menschen waren: Wer weiß schon, dass man süßen Sirup aus Ahornbäumen holte, aus Birkenrinde eine Art Super-Kleber herstellte und Buchenasche zur Glaserzeugung brauchte? Beim Baumquiz können Spezialisten ihr Wissen rund um heimische Bäume unter Beweis stellen. Und wer sich im Wald der Kelten schließlich auf die zwei Inseln der Natur verirrt, kann Natur im wahrsten Sinn des Wortes hören, fühlen, riechen und vor allem genießen.

Aufbau des Lehrpfades:

Weglänge:	5 km; Rundweg oder kürzere Varianten mit 2,5 km
Lehrpfadtyp:	Themenweg und Naturerlebnisweg
Art der Vermittlung:	beschreibend, interaktiv, sensorisch
Medien zur Vermittlung:	

Ausstattung und Pflege:

Äußeres Wegeleitsystem	◖
Erholungsinfrastruktur	●
Inneres Wegeleitsystem	●
Touristisches Angebot	●
Eingangstafel	◖
Pflegezustand	●

Ausgangspunkt:

1000-jährige Linde im Ort oder Kreisverkehr westlich von St. Georgen

Information:

Tourismusverband Attergau, 4880 St. Georgen im Attergau
www.keltenbaumweg.at

Foto 6. 30: Hin und wieder kann man am Kelten.Baum.Weg sogar heute noch „Kelten" bei der Arbeit vor ihrem Wohnhaus beobachten.

Analyse:

Thema und Umsetzung:

In der Gegend um St. Georgen wurden zahlreiche keltische Grabhügel entdeckt – der Pfad erhält dadurch einen lokalen Bezug. Genau genommen behandelt der Kelten. Baum.Weg zwei Themen: Auf der einen Seite erzählen viele interessante Stationen über die Lebensweise der Kelten, auf der anderen Seite gibt es die zwei „Inseln der Natur", die die Besucher für die Wahrnehmung der Natur sensibilisieren. Dabei wurden die Themen so verknüpft, dass daraus ein in sich stimmiger Weg entsteht, der einem roten Faden folgt. Die Kombination von spannenden Informationstafeln, interaktiven und sensorischen Stationen, die wunderschöne Wegeführung über den Kogelberg, der Besuch des kleinen von Archäologen erbauten keltischen Wohnhauses und die in manchen Gasthäusern servierte Keltenjause mit Zaubertrank und Keltenbier machen den Besuch des Kelten.Baum.Weges zu einem eindrucksvollen, authentischen Erlebnis.

Ein markantes Zeichen, die mit den Wurzeln in den Himmel ragenden Bäume, kennzeichnen die Stationen des Weges. Ganz im Sinne einer Corporate Identity werden Baumstämme mit Wurzeln auch als Sitzgelegenheiten angeboten. Die Informationstafeln bestehen aus transparentem Plexiglas, der Text ist eingebrannt. Das durchgängige Design, inklusive Logo, wirkt sehr modern, die Tafeln sind grafisch und auch

Foto 6.31: Der Kelten.Baum.Weg bietet unzählige Möglichkeiten zum Selber-aktiv-Werden. Die an den Bänken befestigten Holzbücher erzählen „Ein Märchen für kleine Kelten“, „Eine Sage aus dem Attersee“ oder „Ein Gruselmärchen für Unerschrockene“. Wer mag, kann selber lesen oder, noch viel schöner, sich die Geschichten vorlesen lassen und dabei die wunderschönen Ausblicke genießen.

inhaltlich sehr gut gegliedert. Die Inhalte sind sehr informativ, aber trotzdem einfach und spannend formuliert. Häufig gibt es zu Beginn eines Themas eine zusammenfassende Kurzinformation. Wer mehr wissen möchte, kann die detaillierteren Texte lesen. Als interaktive und sensorische Elemente finden sich unter anderem Klanghölzer, ein Millionen-Quiz, Tastkasten, Riechstation, Baumquiz, Meditationsbank und ein Wurzelthron.

Damit alle künftigen Keltenwegbesucher den Ausgangspunkt finden, wäre es hilfreich, das äußere Wegeleitsystem zu verbessern. Ein Hinweis auf der Eingangstafel zur Länge des Weges würde helfen die Gehdauer abschätzen zu können.

Zielgruppe:

Eine spezielle Zielgruppendefinition gibt es nicht. Die spannende und unterhaltsame Aufbereitung der Themen, die vielen interaktiven und sensorischen Stationen und der fantasievoll gestaltete Abenteuerspielplatz tragen dazu bei, den Besuch des Kelten. Baum.Weges sowohl für Jung und Alt als auch für Einheimische und Touristen zu einem unvergesslichen Ausflug zu machen.

„Geschichte Erlebnisweg" Unken

Salzburg

Kurzbeschreibung:

Die Besucher reisen durch die Jahrhunderte der bewegten Geschichte von Unken. Die Stationen erzählen über die verschiedenen Herrscher, die hier gelebt haben, und ihre geführten Kriege, von der wirtschaftlichen Entwicklung des Ortes und den Anfängen des Tourismus. Vorbei an zahlreichen Sehenswürdigkeiten wird die Vergangenheit für die Besucher lebendig. Vorgestellt werden unter anderem das Kalkofengut, ein für das Salzkammergut typischer Streckhof, in dem heute das Heimatmuseum untergebracht ist, das Schloss Oberrain, das ursprünglich eine Taverne für Durchreisende war, und die Festung Kniepass, die eine große Rolle bei der Verteidigung der Region spielte. Die Saalach war ein wichtiger Transportweg für das Brennholz zur Salzgewinnung. Die einzelnen Arbeitsschritte bei der Holzdrift können anhand eines Drehrades nachvollzogen werden. Am Ende des Weges hat jeder einen tiefen Einblick in die Geschichte von Unken gewonnen.

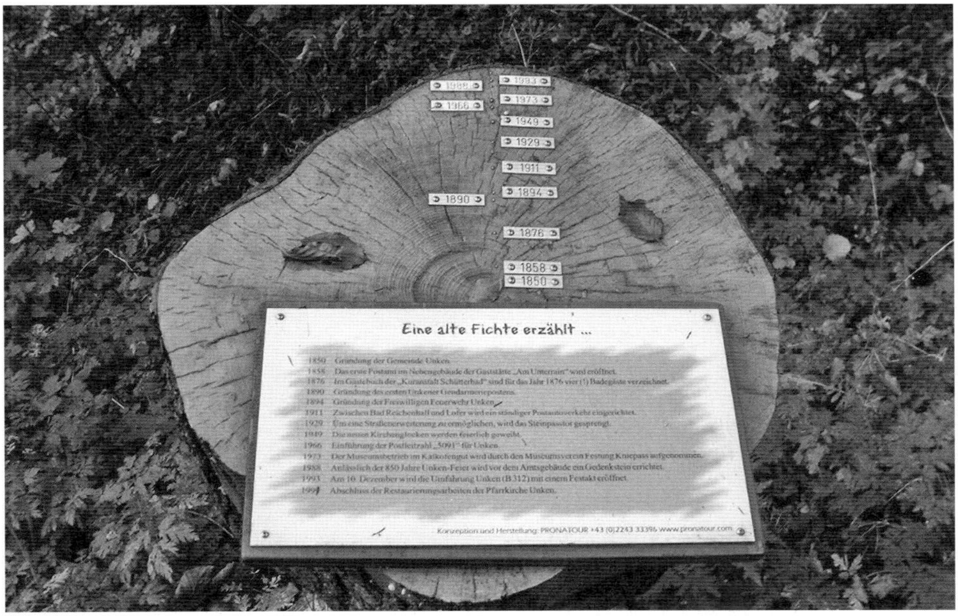

Foto 6.32: Die alte Fichte ist Zeuge vieler bedeutender historischer Ereignisse in Unken. Anhand ihrer Jahresringe erzählt sie, was sie alles miterlebt hat.

Aufbau des Lehrpfades:

Weglänge:	4,5 km; Rundweg oder kürzere Varianten mit 2,5 km
Lehrpfadtyp:	Klassischer Themenweg mit interaktiven Elementen
Art der Vermittlung:	beschreibend, interaktiv
Medien zur Vermittlung:	🗗 ?

Ausstattung und Pflege:

Äußeres Wegeleitsystem	○
Erholungsinfrastruktur	●
Inneres Wegeleitsystem	●
Touristisches Angebot	●
Eingangstafel	●
Pflegezustand	●

Ausgangspunkt:

Hauptplatz in 5091 Unken

Information:

Tourismusverband Salzburger Saalachtal, 5090 Lofer
www.salzburger-saalachtal.com

Analyse:

Thema und Umsetzung:

Die Basis für den Weg ist die geschichtliche Entwicklung des Ortes. Die Stationen wurden bei historisch bedeutenden Gebäuden und Plätzen angelegt, die eine spannende Geschichte zu erzählen haben, wodurch ein starker lokaler Bezug entsteht. Die Besucher bekommen einen guten Überblick über die Entstehung des Ortes. Das geschichtliche Potenzial des Ortes wurde bei der Konzeption des Weges optimal berücksichtigt. Die Umsetzung des Themas erfolgt durch Informationstafeln und interaktive Elemente. Durch direkte Ansprachen werden die Besucher aufgefordert, die Augen offenzuhalten und Dinge vor Ort zu erforschen. Der Begriff Erlebnisweg im Titel ist dennoch nicht ganz korrekt, da die Informationstafeln mit beschreibender Vermittlung am Pfad dominieren.

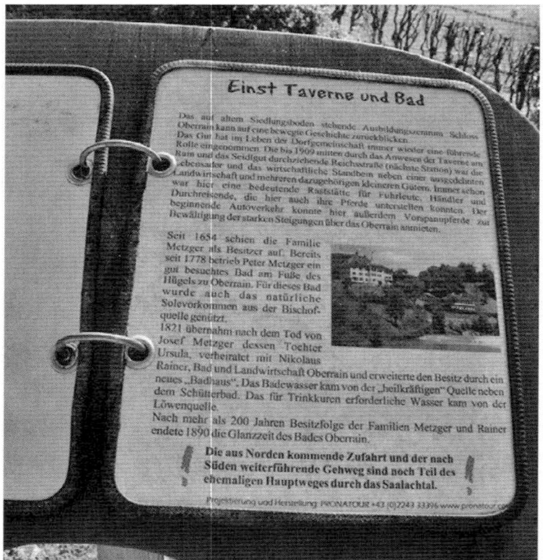

Foto 6.33: Beim Blättern in der Ringmappe kann jeder die bewegte Geschichte des Schlosses Oberrain verfolgen: Ursprünglich angelegt als Raststätte für Fuhrleute und Händler, dann genutzt als Badhaus und schließlich ausgebaut zum Schloss, ist es heute ein Ausbildungszentrum für Jugendliche mit psychischen und sozialen Problemen und größter Arbeitgeber im Ort.

Die Informationstafeln sind entweder senkrecht oder als Pulttafeln aufgestellt. Der gesamte Pfad folgt einem Corporate Design. Der Text auf den Tafeln ist gut gegliedert, die Inhalte werden lebendig und interessant formuliert, nur manchmal ist die Informationsmenge doch recht hoch. Zur Unterstützung des Inhalts sind die Tafeln mit ausreichend Bildmaterial ausgestattet. Die interaktiv gestalteten Stationen vermitteln die Information durch Drehen am Lenkrad oder Blättern im Ringbuch.

Zielgruppe:

Der Weg wurde nicht für eine spezielle Zielgruppe konzipiert. Vom Thema und der doch recht umfangreichen Informationen wird er eher Erwachsenen gerecht. Gedacht ist er sicher für Touristen, wobei bestimmt auch so mancher Ortsansässige Neues über seine Heimat erfahren kann. Dadurch, dass der Weg hauptsächlich in Ortsnähe verläuft, kann er auf mehreren Etappen erwandert werden.

Überblick über weitere Pfade zum Thema Geschichte

Name	**Umsetzung**	**Information/Kontakt**	**BL**
Alte Grenze		Naturpark Raab 8385 Neuhaus am Klausenbach www.naturpark-raab.at	B
Friedensweg	?	Schlösslverein 8382 Mogersdorf www.naturpark-raab.at	B
Norisch-Pannonisches Hügelgräberfeld von Rax		Naturpark Raab 8380 Jennersdorf www.naturpark-raab.at	B
Bromberger Hexenweg		Gemeinde Bromberg 2833 Bromberg www.bromberg.at	NÖ
Kuruzzen Wanderweg		Gemeinde Burgau 8291 Burgau	Stmk

6.2.7 Kunst und Kultur

Brahmsweg

Steiermark

Kurzbeschreibung:

Johannes Brahms verbrachte in den Jahren 1884 und 1885 die Sommermonate in Mürzzuschlag und komponierte dort seine 4. Symphonie. Bei dieser landschaftlich reizvollen Wanderung am Fuße des Semmerings folgen Musikliebhaber den Spuren des Komponisten, indem er und zwei seiner Freunde Anekdoten aus seinem Leben erzählen. Gleich zu Beginn wird das Geheimnis gelüftet, warum der „Rote Igel" den Weg weist. Brahms' Liebe zur Natur und seine Vorliebe für frühe Morgenspaziergänge kommen ebenso zur Sprache wie die Streiche, die er seinen Freunden gespielt hat, oder warum er trotz starker Kurzsichtigkeit bei seinen Spaziergängen auf seine Kneifer verzichtete. Wer Brahms nacheifern und sich selber als „Komponist" versuchen will, holt sich vor der Wanderung ein Notenblatt aus dem Brahms-Museum und trägt die bei jeder Station abgebildeten Noten ein. Am Ende des Weges entsteht daraus ein bekanntes Lied von Brahms, und im Brahms-Museum wartet eine Belohnung für die erfolgreiche Komposition.

Foto 6.34: Das Thema des Weges bildete die Grundlage zur Gestaltung der Tafeln in Form einer Lyra.

Aufbau des Lehrpfades:

Weglänge:	2,5 km; Rundweg
Lehrpfadtyp:	Klassischer Themenweg mit interaktivem Element (Notenblatt)
Art der Vermittlung:	beschreibend
Medien zur Vermittlung:	🗗 **?**

Ausstattung und Pflege:

Äußeres Wegeleitsystem	○
Erholungsinfrastruktur	●
Inneres Wegeleitsystem	●
Touristisches Angebot	●
Eingangstafel	◖
Pflegezustand	◖

Ausgangspunkt:

Brahms-Museum in Mürzzuschlag (Ortszentrum)

Information:

Brahms-Museum, 8680 Mürzzuschlag
www.brahmsmuseum.at

Analyse:

Thema und Umsetzung:

Dieser Themenweg präsentiert keine trockenen Fakten und Jahreszahlen, sondern amüsante und unterhaltsame Begebenheiten aus dem Leben von Brahms. Der Pfad verläuft auf Wegen und führt zu Orten, die der Komponist während seiner Urlaube hier ebenfalls besucht hatte. Landschaft und historische Begebenheiten werden optimal verknüpft, ein hoher lokaler Bezug entsteht. Originell ist die Einbindung des Gasthauses entlang des Weges. Brahms war hier häufig zu Gast und empfiehlt auf einer Tafel den Besuchern, auch hier einzukehren. Obwohl die Umsetzung der Inhalte schwerpunktmäßig durch Tafeln und beschreibende Vermittlung geschieht, wird auch die emotionale Ebene des Besuchers berührt. Immerhin wandert er auf Pfaden, die Brahms zu einigen seiner Kompositionen inspiriert haben. Ein interaktiver Zugang entsteht durch das Notenblatt. Vom Layout her sind die Tafeln einfach gehalten, die Texte aber unterhaltsam formuliert und sehr kurzweilig zum Lesen.

Das Thema wird, angefangen von der Tafelgestaltung in Form einer Lyra, dem roten Igel als unübersehbaren und einprägsamen Wegweiser (der „Rote Igel" war übrigens Brahms' Lieblingsgasthaus in Wien), der im Gasthaus auf einem Igelholzteller servierten Brahmsjause bis hin zum Brahms-Museum, durchgängig inszeniert. Das Museum steht unter dem Titel „Johannes Brahms auf Sommerfrische" und ist das einzige ausschließlich Brahms gewidmete Museum in Österreich. Im Musikzimmer, auf einem Flügel, auf dem Brahms bereits gespielt hat, finden regelmäßig Konzerte statt. Der Brahmsweg und das Museum ergänzen einander ideal und machen ihn einzigartig.

Ein Wegweiser beim Museum zum Ausgangspunkt des Brahmsweges wäre daher zweckmäßig. Bei der Begehung des Pfades waren einige Tafeln verschmutzt und damit schwer lesbar.

Zielgruppe:

Eine spezielle Zielgruppe wurde für den Pfad nicht definiert. Er richtet sich an Brahmsliebhaber, Touristen und lokale Bevölkerung, die während einer schönen Wanderung Geschichten aus dem Leben von Johannes Brahms erfahren wollen. Vom Thema und vom Aufbau spricht der Weg vor allem Erwachsene an.

Auf den Spuren der Nötscher Maler — Kärnten

Kurzbeschreibung:

Während dieses Spaziergangs durch Nötsch, das die Heimat mehrerer Maler war, können zahlreiche Kulturdenkmäler bestaunt werden. Ausgangspunkt ist das Geburtshaus des Malers Franz Wiegele, in dem sich heute das Museum des Nötscher Kreises befindet. Der Weg folgt vor allem den Spuren der Maler des „Nötscher Kreises", die den österreichischen Expressionismus wesentlich geprägt haben. Wer mehr über die Nötscher Maler wissen möchte, hat die Möglichkeit, sich einer Führung anzuschließen oder das Museum am Ort zu besuchen.

Aufbau des Lehrpfades:

Weglänge:	2,5 km; Rundweg, für Kinderwagen und Rollstuhlfahrer geeignet
Lehrpfadtyp:	Klassischer Themenweg
Art der Vermittlung:	beschreibend
Medien zur Vermittlung:	

Ausstattung und Pflege:

Äußeres Wegeleitsystem	○
Erholungsinfrastruktur	●
Inneres Wegeleitsystem	○
Touristisches Angebot	●
Eingangstafel	○
Pflegezustand	●

Ausgangspunkt:

Museum des Nötscher Kreises in Nötsch

Information:

Museum des Nötscher Kreises, 9611 Nötsch im Gailtal
www.noetscherkreis.noetsch.at

Foto 6.35: Ausgangspunkt des Lehrpfades ist das Museum des Nötscher Kreises, in dem alljährlich wechselnde Ausstellungen stattfinden. Ein Besuch, vor oder nach dem Kulturspaziergang durch Nötsch, lohnt sich auf jeden Fall.

Analyse:

Thema und Umsetzung:

Die wichtigsten Kulturdenkmäler und die unterschiedlichen Lebensstationen der Maler des Nötscher Kreises sind Gegenstand dieses Themenweges. Der Weg präsentiert eine Besonderheit des Ortes, was ihm ein gewisses Alleinstellungsmerkmal verleiht. Lokal vorhandenes Potenzial war somit der Ausgangspunkt zur Anlage. Die Informationen werden ausschließlich beschreibend vermittelt.

Kreativ ist die Form der Tafeln, die in Bezug auf das Thema in Form einer Malerpalette von einem ortsansässigen Künstler gestaltet wurden. Die Informationstexte auf den Tafeln sind sehr kurz gehalten und auf wenige Fakten beschränkt. Für näher Interessierte ist daher die Teilnahme an einer Führung bestimmt von Vorteil. Einige Stationen, die unterhaltsame Geschichten aus dem Leben einzelner Maler erzählen, würden den Weg positiv ergänzen. Das Anbringen von Wegweisern wäre empfehlenswert, da der Wegverlauf nur aus einem Folder aus dem Museum ersichtlich wird und man so an die Öffnungszeiten gebunden ist. Eine Eingangstafel mit kurzer Wegbeschreibung würde den Pfad ebenfalls bereichern.

Zielgruppe:

Der Themenweg wendet sich an alle kulturinteressierten Personen, wodurch die ausschließlich beschreibende Vermittlung durchaus gerechtfertigt ist, da das Hauptaugenmerk den Kulturdenkmälern selbst gilt. Der Pfad ist eine positive Ergänzung des bestehenden Museums.

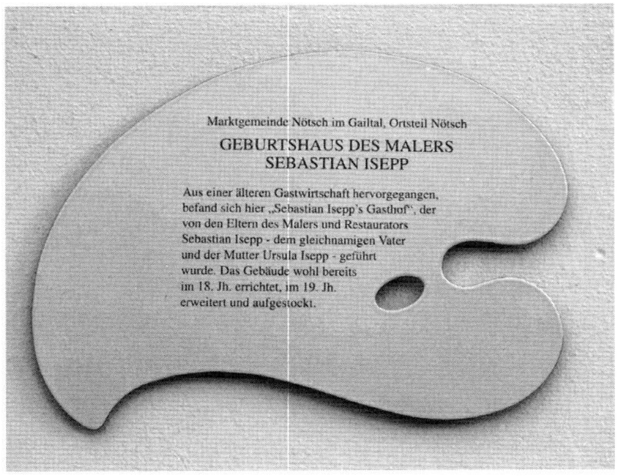

Foto 6.36: Das Thema des Pfades war Grundlage für die Gestaltung der Informationstafeln in Form einer Malerpalette.

Morgenrot küsst Silbermond – Märchenuferweg

Kärnten

Kurzbeschreibung:

Wer wissen möchte, warum der Weissensee heute Weissensee heißt, sollte unbedingt das romantische Märchen „Morgenrot küsst Silbermond" lesen. Böse Hexen verhinderten einstmals durch einen Fluch die Heirat eines jungen Mannes vom Nordufer des Sees mit seiner Braut vom Südufer. Erst als sich Sonne und Mond küssten, wurde der Fluch aufgehoben. Wie das möglich war, dass wahre Liebe alle Hindernisse überwindet, und wie der Weissensee zu seinem Namen kam, schildern mehrere Stationen entlang des Seeufers. Die Figuren des Märchens werden durch abstrakte Skulpturen in den Augen der Betrachter lebendig.

Aufbau des Lehrpfades:

Weglänge:	ca. 1,3 km; Zielweg; auch für Kinderwagen und Rollstuhl geeignet
Lehrpfadtyp:	Klassischer Themenweg
Art der Vermittlung:	beschreibend
Medien zur Vermittlung:	

Ausstattung und Pflege:

Äußeres Wegeleitsystem	○
Erholungsinfrastruktur	●

Inneres Wegeleitsystem n.n.
Touristisches Angebot ●
Eingangstafel ◖
Pflegezustand ●

Ausgangspunkt:

ca. 15 Minuten von Tourismusinformation entfernt am Südufer des Sees

Information:

Weissensee Information, 9762 Weissensee
www.weissensee.com

Analyse:

Thema und Umsetzung:

Die Idee, eine Legende, die sich um den direkt vor Ort vorhandenen See rankt, als Grundlage zu wählen, ist originell und verleiht dem Themenweg ein Alleinstellungsmerkmal. Die Umsetzung des Themas durch Schilder, die den Inhalt erzählen und durch Skulpturen ergänzt werden, die verschiedene Figuren aus dem Märchen verkörpern, ist gut gelöst.

Die Stationen selbst sind einheitlich aufgebaut, sie bestehen aus einer senkrecht aufgestellten Glastafel mit dem Text, einer Skulptur und in den meisten Fällen einer Bank, womit dem Genießen des reizvollen Seeufers und einem Eintauchen in das Märchen nichts mehr im Wege steht. Die Tafeln sind vom Layout her sehr einfach gestaltet – blaue Schrift auf weißem Hintergrund – und im Großen und Ganzen recht gut lesbar. Es wird eine durchgehende Geschichte erzählt, nach jeder Station ist man auf den weiteren Verlauf des Märchens gespannt. Wer das Weissensee-Märchen auch zu Hause noch genießen möchte, kann das Buch dazu erwerben.

Ein äußeres Wegeleitsystem würde das Auffinden des Startpunktes wesentlich erleichtern. Wegweiser innerhalb des Pfades sind nicht zwingend notwendig, weil dieser direkt am See entlangführt. Positiv wäre eine Eingangstafel mit kurzen Kenndaten und einem Übersichtsplan des Weges.

Zielgruppe:

Eine Zielgruppendefinition gibt es nicht. Dieser Themenweg eignet sich jedoch für alle, die bereit sind der realen Welt für einen Augenblick zu entfliehen und in eine fantasievolle Märchenwelt einzutauchen. Sowohl Touristen und Einheimische als auch

Foto 6.37: Mit welchen Mitteln die bösen Hexen die Hochzeit des Brautpaares verhindern, schildert diese Station. Von der Bank aus genießt man den reizvollen Ausblick auf den Weissensee.

Erwachsene und Kinder können den Weg genießen. Bei jüngeren Kindern werden die Eltern allerdings in die Rolle des Erzählers schlüpfen müssen, da der Text recht umfangreich ist. Erweitert wird die Zielgruppe zusätzlich durch die englische Übersetzung der Texte.

Überblick über weitere Pfade zum Thema Kunst und Kultur

Name	Umsetzung	Information/Kontakt	BL
Erlebniswald Drachenstein	?	Marktgemeinde St. Jakob im Rosental 9184 St. Jakob im Rosental	K
Gradeser Märchenweg		Tourismusverband Metnitztal 9363 Metnitz	K
Millstätter Villenweg		Millstätter See Tourismus 9872 Millstatt www.millstaettersee.at	K
Adalbert Stifter Panoramasteig		Tourismusverband Mühlviertler Weberland 4170 St. Stefan/Walde	OÖ
Gustav Klimt Themenweg		Tourismusverband Ferienregion Attersee 4864 Attersee www.attersee.at	OÖ
Kulturweg: Via Historica		MTV Ferienregion Traunsee 4810 Gmunden www.traunsee.at	OÖ
Stelzhamer-Kulturweg		Gemeindeamt Pramet 4925 Pramet www.oberoesterreich.at/pramet	OÖ
Märchenweg Hans im Glück		Gemeinde Mühlen 8822 Mühlen www.muehlen.at	Stmk
Via Artis Grundlsee		TV Grundlsee 8993 Grundlsee www.grundlsee.at	Stmk
Mathias Schmid Kunstlehrpfad		Tourismusverband Ischgl/Paznaun 6561 Ischgl	T

Kultwanderweg Wildwiesen

Steiermark

Kurzbeschreibung:

Foto 6.38: Vom Aussichtsturm bieten sich herrliche Ausblicke in die Landschaft. Und hin und wieder verbreitet der Himmel die passende mystische Stimmung, um sich auf den Weg einzustimmen.

Um die Wildwiese bei Miesenbach ranken sich seit alters her zahlreiche Legenden. Der Kultweg führt zu verschiedenen sagenumwobenen Orten und besonderen Kultstätten. Er erzählt von der Besiedelungsgeschichte der Region und dem Rätsel der vorkommenden Lochsteine. Er erklärt, wie die unterschiedlichen Flurnamen entstanden sind und warum früher von der Bevölkerung so viele Wetterkreuze errichtet wurden. Wer genau liest, erfährt, dass der Storch sehr sensibel ist und sein Nest nur auf „Plätzen der Harmonie“ baut. Also nur dort, wo es mit Sicherheit keine starken Erdstrahlen gibt und damit einem reichen Kindersegen nichts im Wege steht. Im Volksmund ist der Storch daher zum Kinderbringer geworden. Aber noch viele weitere interessante Geheimnisse werden entlang des Weges gelüftet. Zahlreiche Sitzgelegenheiten laden immer wieder zum Genießen und Verweilen in der schönen Landschaft ein. Je nach Ausdauer kann zwischen zwei unterschiedlich langen Runden gewählt werden.

Aufbau des Lehrpfades:

Weglänge:	5 km oder 13 km; Rundweg
Lehrpfadtyp:	Klassischer Themenweg
Art der Vermittlung:	beschreibend
Medien zur Vermittlung:	

Ausstattung und Pflege:

Äußeres Wegeleitsystem	○
Erholungsinfrastruktur	●
Inneres Wegeleitsystem	●
Touristisches Angebot	●
Eingangstafel	●
Pflegezustand	●

Ausgangspunkt:

unterhalb des Wildwiesenhofes bei Miesenbach

Information:

Tourismusverband Miesenbach, 8190 Miesenbach
www.miesenbach.com

Analyse:

Thema und Umsetzung:

Die Wildwiese mit ihren sagenumwobenen Kultsteinen und Kultplätzen liefert den idealen Schauplatz für einen Themenweg, der die Besiedlungsgeschichte der Region, ihre unterschiedlichen Brauchtümer, Traditionen und Dialekte beschreibt. Thema und Ort des Pfades ergänzen sich perfekt. Viele Stationen beziehen sich auf direkt sichtbare Objekte oder auf vor Ort stattgefundene Ereignisse. Einige Tafeln sind eher allgemein formuliert, bereichern aber die Themenpalette des Weges. Der Kultweg wurde so konzipiert, dass er sich aus zwei Einzelwegen mit unterschiedlicher Länge zusammensetzt. Besucher, die nicht so gut zu Fuß sind, wählen den kürzeren Mondweg, die ambitionierten Wanderer den Sonnenweg. Der Wegverlauf für beide Routen ist abwechslungsreich und landschaftlich sehr reizvoll. Die Umsetzung des Themas erfolgte ausschließlich durch Schilder und beschreibende Vermittlung.

Foto 6.39: Das dunkle Blau als Hintergrund und die Form der Tafeln, die an Marterln erinnert, passen gut zu den Inhalten, die auf dem Kultweg präsentiert werden. Auch wenn die Inhalte sehr informativ sind, könnte die Textmenge hin und wieder etwas reduziert werden, damit die Tafeln nicht überladen wirken.

Alle Stationen sind nach einem einheitlichen Design gestaltet und bestehen aus einer Infotafel aus Metall, die auf einen überdachten Holzsteher montiert ist. Die Form der Tafeln ruft Assoziationen mit Marterln und religiösen Symbolen hervor und passt zum Thema. Das Layout der Tafeln und das Hintergrundbild in dunklen Blautönen unterstreichen den mystischen Charakter des Weges. Die Themen sind spannend ausgewählt, die Inhalte verständlich formuliert, nur manchmal ist die Textmenge zu umfangreich und die Tafeln wirken überladen. Das Lesen würde einfacher, wenn die Schriftgröße etwas größer wäre.

Ein äußeres Wegeleitsystem zum Pfad fehlt. Ausgeschildert ist nur der Weg zum Wildwiesenhof, der zwar den Ausgangspunkt darstellt, ein ausdrücklicher Hinweis auf den Kultweg wäre trotzdem angebracht.

Zielgruppe:

Eine Zielgruppendefinition fehlt, allerdings haben die Errichter ein Ziel für den Pfad formuliert: „Schaffung eines geschichtlichen und volkskundlichen Bewusstseins in der Bevölkerung. Während der Wanderung sollen die Augen für die schöne Heimat, die sagenumwobenen Plätze und das vielfältige Brauchtum geöffnet werden." Diesem Ziel wird der Kultweg sicher gerecht.

Von seiner Aufbereitung, der umfangreichen Textmenge und der Formulierung der Inhalte spricht der Pfad vor allem Erwachsene an. Wobei sowohl die ansässige Bevölkerung als auch Touristen Interessantes und Neues erfahren.

Kraftpfad

Steiermark

Kurzbeschreibung:

Woher kommen wir? Woher nimmt ein Mensch die Kraft, dem oft schwierigen Alltag gewachsen zu sein? Wohin gehen wir? Komplizierte Fragen und doch einfach zu beantworten: Kraftquellen haben den Menschen hervorgebracht und stärken ihn. Der Kraftpfad beschreibt jene Kraftquellen, die das Universum, die Erde und letztendlich uns selbst entstehen ließen. Der Wanderer begibt sich auf eine Zeitreise durch 15 Millionen Jahre: Sie beginnt in Wenigzell beim Urknall, als die „Kraft der Sterne" unser Universum formte, und endet in St. Jakob/Walde im 3. Jahrtausend n. Chr. bei der „Kraft der Zukunft", die Einblicke ins kommende Jahrtausend gewährt. Dazwischen liegen spannende Stationen, die von den geheimnisvollen Kräften, die das Dasein des Menschen schon seit Anbeginn seiner Zeit prägten, erzählen. Entlang des landschaftlich schönen Weges ergeben sich für den Besucher unzählige Möglichkeiten, selbst innere Kraft zu tanken.

Aufbau des Lehrpfades:

Weglänge:	6 km; Zielweg
Lehrpfadtyp:	Klassischer Themenweg
Art der Vermittlung:	beschreibend
Medien zur Vermittlung:	🗗

Ausstattung und Pflege:

Äußeres Wegeleitsystem	○
Erholungsinfrastruktur	●
Inneres Wegeleitsystem	●
Touristisches Angebot	●
Eingangstafel	●
Pflegezustand	●

Ausgangspunkt:

Ortsmitte von Wenigzell bzw. St. Jakob

Information:

Tourismusverband Wenigzell, 8254 Wenigzell, www.wenigzell.at
Tourismusverband St. Jakob, 8254 St. Jakob/Walde, www.st-jakob-walde.steiermark.at

Analyse:

Thema und Umsetzung:

Prinzipiell sind die hier angesprochenen Themen nicht an einen bestimmten Ort gebunden. Da sich die beiden Dörfer Wenigzell und St. Jakob in der Tourismuswerbung als Kraftspendedörfer präsentieren, fügt sich das Thema des Pfades in das touristische Gesamtkonzept der Region ein. Der Pfad ist informativ aufbereitet und soll in unserer schnelllebigen Welt Kraft und innere Ruhe bieten, wobei die idyllische Kulturlandschaft die perfekte Kulisse bildet. Die Inhalte selbst werden ausschließlich beschreibend auf Informationstafeln vermittelt.

Foto 6.40: Bei jeder Station gibt es Bänke und genügend Gelegenheiten, um die gelesenen Texte in Ruhe auf sich wirken zu lassen und innere Kraft zu tanken.

Der Aufbau der Stationen, die Form und das Layout der Informationstafeln gleichen denen des Kultweges in Miesenbach, der sich in unmittelbarer Nähe befindet. Auch hier sind die Textmengen zu manchen Themen sehr umfangreich und die Schriftgröße etwas zu klein ausgefallen.

Es sind keine äußeren Wegweiser vorhanden. Da die Anfangstafeln in beiden Ortschaften jeweils zentral in der Ortsmitte am Straßenrand gut sichtbar positioniert sind, lässt sich der Startpunkt dennoch leicht finden.

Zielgruppe:

Der Pfad richtet sich an die Wanderer in der Region. Das Thema und die Art der Vermittlung sprechen naturgemäß vor allem Erwachsene an.

Überblick über weitere Pfade zum Thema Mythologie und Religion

Name	**Umsetzung**	**Information/Kontakt**	**BL**
Pilgerweg in Maria Bild		Naturpark Raab Informationsstelle Jennersdorf 8380 Jennersdorf www.naturpark-raab.at	B
Weg der Harmonie		Stadtgemeinde Pinkafeld 7423 Pinkafeld www.pinkafeld-online.at	B
Hollensteiner Sagenweg		Gemeinde Hollenstein/Ybbs 3343 Hollenstein www.hollenstein-ybbs.gv.at	NÖ
MYTHOlogieTOUR		Verein Naturpark Blockheide Eibenstein – Gmünd 3950 Gmünd	NÖ
Gasteiner Sagenwanderweg		Tourismusverband Dorfgastein 5632 Dorfgastein www.gastein.com	S
EineWeltWeg		Pfarre Graz Liebenau St. Paul 8041 Graz www.eineweltweg.at	Stmk
Keltischer Lebensbaumweg		Gemeinde Pertlstein 8350 Pertlstein www.pertlstein.steiermark.at	Stmk
Spiritueller Weg		Weizer Pfingstvision 8160 Weiz www.pfingstvision.at	Stmk
Sagenwanderweg		Tourismusbüro Andelsbuch 6866 Andelsbuch www.andelsbuch.at	V

Antistressweg Gutenbrunn

Niederösterreich

Kurzbeschreibung:

Ziel des Weges ist es, mit Hilfe einer Wanderung in der Natur stressauslösende Einflüsse im eigenen Leben zu überdenken, Stressfaktoren zu erkennen und dagegen zu handeln. Auf Infotafeln werden mentale und körperliche Übungen angeführt, die den Besuchern zur Entspannung und zum Finden von Strategien gegen den alltäglichen Stress verhelfen sollen. Die abwechslungsreiche Route führt durch die idyllische Waldviertler Kulturlandschaft mit schönen Ausblicken.

Aufbau des Lehrpfades:

Weglänge:	10 km; Rundweg
Lehrpfadtyp:	Sensorischer Themenweg
Art der Vermittlung:	beschreibend, sensorisch
Medien zur Vermittlung:	

Ausstattung und Pflege:

Äußeres Wegeleitsystem	○
Erholungsinfrastruktur	◖
Inneres Wegeleitsystem	●
Touristisches Angebot	●
Eingangstafel	◖
Pflegezustand	◖

Ausgangspunkt:

Kirchenplatz Gutenbrunn

Information:

Verschönerungsverein Gutenbrunn, Gasthaus Marschall Stuben,
3665 Gutenbrunn

Analyse:

Thema und Umsetzung:

Der Antistressweg spricht ein aktuelles, gesellschaftliches Thema an, das Aufgreifen dieses Inhaltes ist eine originelle Idee. Durch das allgemeine Thema Stressminimierung ist zwar kein direkter Raumbezug zu Gutenbrunn gegeben, allerdings ist eine ruhige, nicht hektische Umgebung Voraussetzung, um Stress abbauen zu können. Dies ist hier gewährleistet. Die abwechslungsreiche Wegeführung durch Wälder, Felder und Ortschaften erlaubt Einblicke in die Bewirtschaftungsweisen und Lebenskultur der ansässigen Bevölkerung und führt vorbei an typischen Waldviertler Landschaftselementen

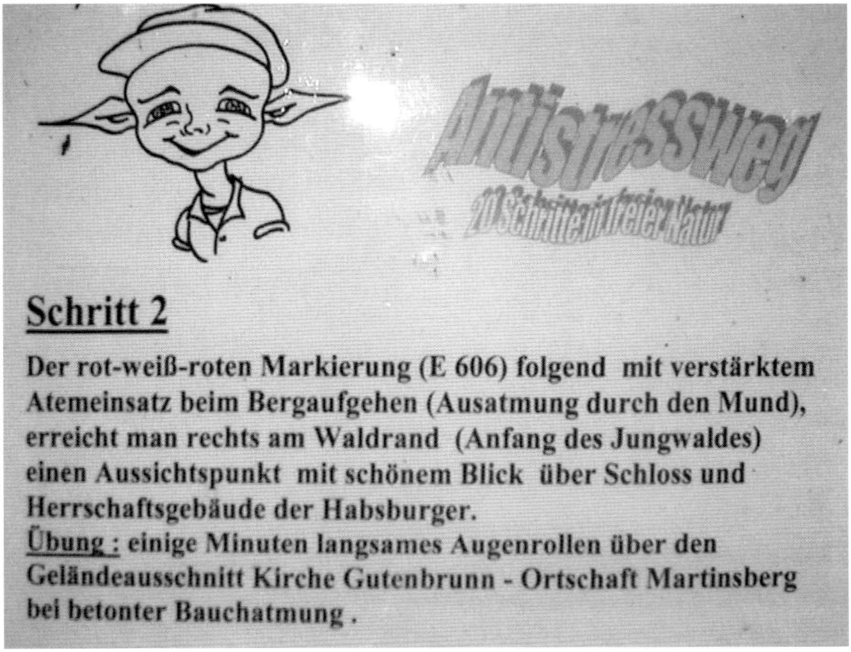

Foto 6.41: Die Tafeln entlang des Antistressweges geben den Besuchern Anleitungen zum Entspannen und weisen gleichzeitig auf schöne Aussichtspunkte und Sehenswürdigkeiten hin.

wie Wackelsteinen oder Quellen. Der Weg ist von seinem Erscheinungsbild ein klassischer Themenweg. Auf den Schildern werden aber keine Fakten zum Thema Stressabbau präsentiert, sondern praktische Übungsanleitungen, die zum Selber-aktiv-Werden animieren.

Die Tafeln bestehen aus Holzplatten, auf denen laminiertes, weißes Papier mit den jeweiligen Übungsanleitungen befestigt wurde. Als Steher wurden Metall- oder Holzpfosten verwendet. Design und Layout der Tafeln sind extrem minimalistisch ausgeführt. Durch die einheitliche Gestaltung der Tafeln und das entwickelte Logo („Stressi") ist ein Corporate Design des Weges gegeben. Begleitend zum Weg wurde eine Broschüre erstellt, die eine Stationsbeschreibung enthält.

Zielgruppe:

Dem Anspruch des Verschönerungsvereins Gutenbrunn, ein Zusatzangebot für Wanderer zu schaffen, wird der Antistressweg sicher gerecht. Mit einem aktuellen Thema und einfachen Mitteln wurde ein Wanderweg unter ein „Motto" gestellt. Eine ausführlichere Umsetzung des Themas beispielsweise durch mehr Informationen über Stressentstehung könnte den Pfad für ein zusätzliches Publikum sicher interessant machen – wobei sich gleichzeitig die Frage stellt, wie viele Besucher ein Antistressweg eigentlich verträgt.

Überblick über weitere Pfade zum Thema Gesundheit

Name	Umsetzung	Information/Kontakt	BL
Gesundheitsweg	?	Tourismus Millstatt 9872 Millstatt www.millstaettersee.at	K
Xundheitsparcour „Motoric-Park Harbach"		Xundheitswelt, Arge „Öko-Tourismus-Projekt Moorbad Harbach" 3970 Moorbad Harbach	NÖ
1. Austria Vital Gesundheitslehrpfad in OÖ		Gemeindeamt Allerheiligen 4320 Allerheiligen www.allerheiligen.ooe.gv.at	OÖ
Fit- und Kneipp-Wanderweg	?	Gemeinde Niederwaldkirchen 4174 Niederwaldkirchen www.niederwaldkirchen.at www.hansbergland.at	OÖ
Kneipp- und Fitnessweg Rannatal	?	Tourismusverband Oberkappel 4144 Oberkappel www.oberkappel.at	OÖ
Kräuterlehrpfad		Info-Büro Hinterstoder 4573 Hinterstoder	OÖ
Heilpflanzenlehrpfad		Tourismusverband Zederhaus 5584 Zederhaus www.zederhaus.at	S
Marlies Schild Fitness Trail		Tourismusverband Dienten 5652 Dienten- www.dienten.co.at	S
Wegrandapotheke Perchau		Naturpark Grebenzen 8820 Perchau am Sattel www.naturpark-grebenzen.at	Stmk
Kneipp-Pfad		Kurverwaltung-Gäste-Info 8623 Aflenz Kurort www.aflenz.info	Stmk
Kräutergarten mit Kneipp-Pfad		Tourismusverein Kräuterdorf 8362 Söchau www.soechau.STMK.at	Stmk
Allergiegarten im Kurpark Oberlaa		Magistratsabteilung 42, 1100 Wien, Kurpark Oberlaa www.wien.gv.at/ma42/parks	W

6.2.10 Astronomie

Planetenweg Rettenegg – Stuhleck „Himmel auf Erden“

Steiermark

Kurzbeschreibung:

Am Planetenweg werden die klassischen Planetenkörper und ihre Abstände zueinander in der Stellung vom 5. Mai 2000 maßstabsgerecht dargestellt. Die Planetenanordnung an diesem Tag ist deswegen so besonders, da sie seit der Antike als Basis zur zeitlichen Orientierung und Kalendererstellung herangezogen wurde. Die Besucher wandern von „Planet zu Planet“, die anhand von Modellen dargestellt sind, und bekommen Informationen über den jeweiligen Planeten. Die Beschreibungstexte bei den Stationen gliedern sich in einen astronomischen Teil (wissenschaftliche Details) und einen mythologischen Teil (sternenkundliche, kalendarische und astrologische Details).

Aufbau des Lehrpfades:

Weglänge:	10 km; Zielweg (Rückfahrmöglichkeit mit Taxi)
Lehrpfadtyp:	Klassischer Themenweg
Art der Vermittlung:	beschreibend
Medien zur Vermittlung:	

Ausstattung und Pflege:

Äußeres Wegeleitsystem	●
Erholungsinfrastruktur	◖
Inneres Wegeleitsystem	●
Touristisches Angebot	●
Eingangstafel	◖
Pflegezustand	●

Ausgangspunkt:

Sternen-Pavillon am Ortsrand von Rettenegg

Information:

Tourismusverband Rettenegg, 8674 Rettenegg
www.rettenegg.at

Analyse:

Thema und Umsetzung:

Die Wanderung von Rettenegg auf das Stuhleck ist landschaftlich sehr reizvoll und die Idee, den Stationsaufbau einer Planetenstellung nachzuempfinden, innovativ. Die Gestaltung des Anfangspunktes mit einem in der Nacht beleuchteten Sternenpavillon macht neugierig; die Lage direkt neben der Straße ist nicht ganz ideal gewählt. Die

Darstellung der Planetenstellung ist an und für sich an jedem Ort möglich. Ein Ortsbezug ist hier dennoch gegeben, da der Planetenweg zwischen dem Sonnwend- und Teufelstein eingebettet liegt und diese Orte, laut Literatur, seit jeher mit der Zeitrechnung und der Kalendererstellung verknüpft werden. Die Vermittlung der Informationen zu den einzelnen Planeten erfolgt beschreibend auf Schildern. Ergänzt werden sie durch Modelle der einzelnen Planeten, dargestellt im Größenverhältnis zur Sonne. Unglücklicherweise wurde das Thema bei der Textgestaltung der Tafeln nicht richtig umgesetzt. Das Problem liegt sowohl in der Überflutung mit Informationen mit zu wissenschaftlichen Texten als auch in der nicht vorhandenen Strukturierung des Textes. Der Tafeltext wirkt wie aus einem Buch kopiert. Weniger Information, diese aber gut strukturiert, würde die Attraktivität der Stationen stark steigern.

Foto 6.42: Auf Pulttafeln erfahren die Besucher astronomische und mythologische Informationen zu den Planeten. In der Plexiglaskugel befinden sich Modelle der Planeten.

Zielgruppe:

Es gibt keine Zielgruppendefinition. Aufgrund der Weganforderungen und der Aufbereitung des Themas richtet er sich wohl eher an die konditionsstärkeren, astronomiebegeisterten Wanderer. Wertvoll wäre ein Hinweis auf der Eingangstafel bezüglich Weglänge und Schwierigkeit des Weges. Immerhin müssen 920 Höhenmeter und 10 Kilometer Weglänge bewältigt werden.

Überblick über weitere Pfade zum Thema Astronomie

Name	Umsetzung	Information/Kontakt	BL
Planetenwanderweg		Gemeinde Bernstein 7434 Bernstein	B
Planetenwanderweg Königstetten Tulbinger Kogel		ARGE Planetenweg 3433 Königstetten www.koenigstetten.at	NÖ
Planetenwanderweg Weiten		Gemeindeamt Weiten 3653 Weiten www.weiten.at	NÖ
Planetenlehrweg rund um Königsleiten		Sternwarte und Planetarium Königsleiten 5742 Wald im Pinzgau www.sternwarte-koenigsleiten.com	S
Planetenwanderweg in Wien entlang des Lainzer Tiergartens		Magistratsabteilung 49 1082 Wien www.wien.gv.at	W

6.2.11 Sensibilisierung der Sinne

Barfußpark Wenigzell

Steiermark

Kurzbeschreibung:

Der Barfußweg soll Kinder und Erwachsene animieren, wieder einmal „den Boden unter den Füßen zu spüren“. Als Bodenbeläge gibt es unter anderem Joglländer Holz-Pflaster, Schönbrunner Parkkies, Sand, natürlichen Waldboden und ein Schlammbad. Der Weg liegt am Ortsrand von Wenigzell und verläuft als Rundweg anfangs auf einer Wiese, führt weiter über einen Waldweg zu einem Bach und schließlich über die Wiese wieder zum Ausgangspunkt zurück.

Foto 6.43: Auf ins Schlammbad! Der Barfußpark ist ein gutes Beispiel dafür, dass mit einfachen Konstruktionen und guter Pflege ein einladender und kurzweiliger sensorischer Pfad gestaltet werden kann.

Aufbau des Lehrpfades:

Weglänge:	1 km; Rundweg
Lehrpfadtyp:	Sensorischer Lehrpfad
Art der Vermittlung:	sensorisch, beschreibend
Medien zur Vermittlung:	

Ausstattung und Pflege:

Äußeres Wegeleitsystem	●
Erholungsinfrastruktur	●
Inneres Wegeleitsystem	n.n.
Touristisches Angebot	●
Eingangstafel	●
Pflegezustand	●

Ausgangspunkt:

Ortsrand von Wenigzell

Information:

Tourismusverband Wenigzell, 8254 Wenigzell
www.wenigzell.at

Analyse:

Thema und Umsetzung:

Foto 6.44: Ein besonders aufmerksamer Service für die Gäste sind die verschließbaren Kästchen zum Abstellen der Schuhe und die Waschgelegenheit.

Barfußwege sind in den letzten Jahren einige entstanden – der Wenigzeller Barfußpark nimmt daher keine Monopolstellung bei der Themenauswahl ein. Da Wenigzell aber Teil der „Kneipp- und Barfußregion, Kraftspendedörfer Joglland" ist, fügt er sich perfekt in das lokale touristische Konzept ein. Die Anlage von Barfußwegen ist grundsätzlich nicht an einen bestimmten Ort, sondern eher an ein passendes Gelände gebunden. In Wenigzell wurden die lokalen Gegebenheiten (Wald, Bach, Holz aus der Region) vorbildhaft in den Weg integriert. Es handelt sich hier um einen sensorischen Lehrpfad, dessen Ziel nicht in der Informationsvermittlung, sondern in der Sensibilisierung der Sinne liegt.

Jede Station besteht aus einem mit Holzbohlen eingegrenzten Wegabschnitt, der mit einem bestimmten Bodenbelag versehen ist. Die Auswahl der unterschiedlichen Bodenbeläge ist gut gelöst – es macht Spaß, das „Gehgefühl" von Schönbrunner Parkkies und einem Wenigzeller Holzbloch zu vergleichen und dazwischen im Schlamm des Haselbaches zu waten. Jede Station enthält eine kleine Tafel, auf der das Belagsmaterial kurz beschrieben wird. Die Schließfächer für die Schuhe und eine Waschgelegenheit für die Füße sind das ganz besondere Service am Barfußpark. Für Kinder gibt's gleich nebenan noch einen Spielplatz.

Zielgruppe:

Eine Zielgruppendefinition ist nicht vorhanden. Angesprochen werden sich aber vor allem Familien fühlen und alle jene, die Spaß daran finden, „den Boden wieder so richtig unter den Füßen zu spüren".

„Seppl geht glankerln" – Glankerlweg **Oberösterreich**

Kurzbeschreibung:

Seppl, der mit seinen Eltern den Urlaub auf einem Bauernhof verbringt, muss wandern gehen und hat dazu überhaupt keine Lust. Er lässt sich schließlich doch überreden, denn die Bäuerin hat ihm versprochen, dass er am Ende des Weges etwas ganz Besonderes findet. Anhand einer Broschüre begleitet „Seppl" die Kinder auf dem Weg und gibt ihnen Tipps und Anregungen, wie die Natur mit allen Sinnen wahrgenommen und entdeckt werden kann. Ein Duftplatz lädt ein, die vielen Kräuter an ihren Gerüchen zu erkennen. Sowohl den jungen als auch den älteren Naturliebhabern verfliegt beim Zählen von Pflanzen, Sammeln von verschiedenen Naturmaterialien und Be-greifen der Bäume die Zeit wie im Flug. Der „Barfußweg" wird auf bloßen Sohlen erkundet und im „Wald der Geräusche" hört jeder, dass es hier gar nicht so ruhig ist.

Aufbau des Lehrpfades:

Weglänge:	5 km; Rundweg
Lehrpfadtyp:	Naturerlebnispfad
Art der Vermittlung:	sensorisch, beschreibend
Medien zur Vermittlung:	?

Ausstattung und Pflege:

Äußeres Wegeleitsystem	◖
Erholungsinfrastruktur	●
Inneres Wegeleitsystem	●
Touristisches Angebot	●
Eingangstafel	●
Pflegezustand	◖

Ausgangspunkt:

Kinderspielplatz Grünau im Almtal

Foto 6.45: Die Insel der guten Gedanken bietet den jungen Wanderern genügend Gelegenheit, die Schönheit der Natur bewusst aufzunehmen.

Information:

Almtaler Bauern, 4645 Grünau im Almtal
www.almtaler-bauern.at

Analyse:

Thema und Umsetzung:

Ziel des Glankerlweges ist es, Kindern das Wandern schmackhaft zu machen und die Naturwahrnehmung zu fördern. Die Idee, Kinder durch die Einrichtung von verschiedenen „Zwischenzielen" zur Verkürzung des Weges zum Wandern zu motivieren, ist eigentlich einfach, aber trotzdem originell. Eine Wanderung bekommt für Kinder einen anderen Stellenwert, wird spannender und interessanter, wenn die Wegstrecke durch verschiedene Tätigkeiten aufgelockert wird. Das Thema wird durch eine einfache, aber kreative Broschüre umgesetzt: Seppl führt die Kinder zu den einzelnen Stationen und fordert sie auf, gemeinsam mit ihm die Landschaft zu entdecken, Dämme zu bauen, die Geräusche der Natur zu hören oder blind Bäume zu ertasten. Die Geschichte ist kindergerecht formuliert, die Wanderung spannend und auf die lokalen Gegebenheiten bezogen aufgebaut. Vor allem der Hinweis, dass am Ende des Weges etwas Kostbares wartet, erhöht die Spannung. Und diese Kostbarkeit entpuppt sich als Spiegel, aus dem hoffentlich ein lachendes Kindergesicht blickt.

Der Weg ist als Symbolpfad mit begleitender Broschüre aufgebaut. Nur am Beginn informiert eine Tafel über die bevorstehende Wanderung und Seppl, das Logo des Weges, wird vorgestellt. Zur Orientierung befinden sich entlang des Weges Symbole, die die einzelnen Stationen kennzeichnen. Um die bei den Stationen vorgesehenen Aktivitäten durchführen zu können, ist daher unbedingt die Broschüre mit den dazu erhältlichen Malstiften notwendig. In der Broschüre gibt es immer wieder Aufforderungen, auch zwischen den einzelnen Stationen kleine Spiele zu machen oder Eindrücke in das Begleitheft zu zeichnen oder zu schreiben. Bei diesem Pfad wurde das Prinzip des Storytellings ideal umgesetzt.

Zielgruppe:

Der Pfad richtet sich dezidiert an Familien. Er eröffnet Eltern die Möglichkeit, ihre Kinder zu einer erlebnisreichen Wanderung zu animieren und sich vielleicht die sonst alle fünf Minuten wiederholte Frage „dauert es noch lange, bis wir da sind?" zu ersparen. Die Umsetzung durch die Broschüre ist für Kinder gut geeignet, da sie so auch eine Erinnerung mit nach Hause nehmen können.

Weg der Elemente – NP Nockberge — Kärnten

Kurzbeschreibung:

Der „Weg der Elemente" führt in Form eines „∞-Zeichens" über einen landschaftlich sehr schönen Almboden. Die zivilisationsgeplagten Menschen können mit Hilfe von verschiedenen Übungen, die auf den 12 Stationen beschrieben werden, einen bewussten Zugang zu ihren Sinnen finden. Themen, die dabei angesprochen werden, sind unter anderem „Finde dein Gleichgewicht", „Spüre dich", „Balancier dich aus", „Zeichne deinen Horizont" oder „Mit Freude die Augen öffnen".

Aufbau des Lehrpfades:

Weglänge:	1,5 km; Rundweg
Lehrpfadtyp:	Sensorischer Lehrpfad
Art der Vermittlung:	sensorisch, beschreibend
Medien zur Vermittlung:	

Ausstattung und Pflege:

Äußeres Wegeleitsystem	●
Erholungsinfrastruktur	●
Inneres Wegeleitsystem	●
Touristisches Angebot	●
Eingangstafel	●
Pflegezustand	◖

Foto 6.46: Die wunderschöne und ruhige Umgebung unterstützt die Besucher dabei, sich auf die körperlich-seelisch-geistige Meditation einzulassen.

Ausgangspunkt:

direkt an der Nockalmstraße, zwischen Priesshütte und Windebensee

Information:

Nationalpark Nockberge, 9565 Ebene Reichenau
www.nationalparknockberge.at

Analyse:

Thema und Umsetzung:

Thema ist das „Loslassen vom Alltag, sich selbst erkennen, mit den Elementen Kontakt aufnehmen, die Elemente mit allen Sinnen erfahren, mit den Elementen eins werden und schließlich wieder langsam in den Alltag zurückkehren". Es gibt keinen direkten Raumbezug, Objekte wie Bäume oder Wasser werden aber wenn möglich miteinbezogen und die wunderschöne Landschaft unterstützt beim Loslassen und Öffnen der Sinne. Bei der Themenwahl wurde der gesellschaftliche Trend, sich wieder mehr auf die inneren Werte zu besinnen, aufgegriffen. Die Umsetzung ist sehr gut gelungen, die Übungen sind anschaulich erklärt.

Die Stationen bestehen jeweils aus einem Steinkreis, in dessen Mitte sich eine Informationstafel befindet, die die verschiedenen Bewegungsabläufe erklärt, die zur Ak-

Foto 6.47: Ziel ist es, durch das bewusste Festhalten und Betrachten des Baumes Gesundheit im Rhythmus der Natur zu finden. Die Pulttafeln sind grafisch ansprechend gestaltet und gut in die Landschaft integriert.

tivierung der Sinne führen. Eine bildliche Darstellung der Übung trägt zum besseren Verständnis bei. Die einheitlich gestalteten Pulttafeln aus Metall sind auf einem Baumstumpf befestigt und fügen sich gut in die Landschaft ein.

Zielgruppe:

Es gibt keine Zielgruppendefinition. Der Pfad wendet sich an alle, die bereit sind, die Hektik des Alltages für einen Augenblick zu vergessen und nur auf den eigenen Körper zu hören. Den richtigen Rahmen dafür bietet die landschaftlich beeindruckende Kulisse.

Überblick über weitere Pfade zum Thema Sensibilisierung der Sinne

Name	Umsetzung	Information/Kontakt	BL
Bankerlsteig		Tourismusverein Mühlviertler Weberland 4184 Helfenberg www.oberoesterreich.at	OÖ
Barfußweg St. Ulrich		Gasthaus Lang 4120 St. Ulrich im Mühlviertel www.gasthaus-lang.at	OÖ
Entspannungsweg der Sinne		Gemeinde St. Johann 4172 St. Johann am Wimberg www.hansbergland.at	OÖ
Erlebnisweg Wald der Kinder	?	Gemeindeamt Zell am Pettenfirst 4842 Zell am Pettenfirst www.waldderkinder.info	OÖ
Helfenberger Schaukelweg		Tourismusverein Mühlviertler Weberland 4184 Helfenberg www.haudum.at	OÖ
Schallenbergerweg		Gemeinde St. Ulrich 4120 St. Ulrich im Mühlkreis www.hansbergland.at	OÖ
Sinnepark Münzbach	?	Erlebnispark der Sinne 4323 Münzbach www.sinnepark-muenzbach.at	OÖ
Weg der Sinne	?	Verein Erlebnispfad Luisenhöhe Hausruckwald 4680 Haag/Hausruck www.wegdersinne.at	OÖ
Erlebnisweg Wald Wasser Zauber Hintersee	?	Tourismusverband Hintersee 5324 Hintersee www.fuschlseeregion.com	S
Sinne – Erlebnispark in Leogang	?	Leoganger Bergbahnen GmbH 5771 Leogang www.leoganger-bergbahnen.at	S
Megalithischer Kraftwanderweg		Tourismusverband/Therme Loipersdorf 8282 Loipersdorf www.loipersdorf.at	Stmk
NaturKRAFTpark	?	Tourismusverband Naturpark Pöllauer Tal 8225 Pöllau www.naturpark-poellauertal.at	Stmk
Wald der Sinne	?	Barbara Holzer 8692 Neuberg/Mürz www.wald-der-sinne.com	Stmk
Weg der Sinne		Gemeinde Altenmarkt 8934 Altenmarkt bei Sankt Gallen www.eisenwurzen.com	Stmk

Weg der Wandlungen	? 👂	Gemeindeamt Soboth 8554 Soboth www.soboth.at	Stmk
Wünschelruten-Wanderweg	🗗 🕮 🗣	Tourismusverband Bergregion Grimming 8943 Aigen im Ennstal www.urlaubsland.at	Stmk
Barfuß durch die Hölle	👂 🗣	Achlhof 6352 Ellmau www.achlhof.at	T
Barfuß durch's Moos	👂 🕮	Tourismusverein Bizau 6874 Bizau www.bizau.co.at	V

7. Der Weg zum Pfad

Wer will ihn nicht, den perfekten Lehrpfad, der viele Besucher anzieht? Doch obwohl in den letzten Jahren einige Publikationen zur Gestaltung von Lehrpfaden erschienen sind (Bell 1997, Ebers et al. 1998, Jungmeier & Zollner 2002b, Lang & Stark 2000, Megerle 2002/2006, Nutz 2006, Siekierski 2003), fehlt vielfach eine besucher- und erlebnisorientierte Gestaltung. Dieses Kapitel beschreibt daher die wichtigsten Schritte, die bei der Konzeption und Anlage eines Lehrpfades zu beachten sind.

Bevor sich die Errichtungswilligen in die Lehrpfadplanung stürzen, sollten sie ernsthaft hinterfragen, warum es diesen Lehrpfad braucht. Schließlich bilden die Motive die Basis für Gestaltung, Pflege und Marketing. Und die Motive sind vielfältig. Es muss dabei nicht immer nur der Naturschutzgedanke zur Errichtung eines Lehrpfades führen, das Stärken des lokalen Tourismus oder der Lebensqualität in einer Gemeinde können Beweggründe sein (Tabelle 7.1). Prestige- und Wettbewerbsdenken, persönliche Selbstdarstellung oder politische Imagepflege sind hingegen keine Garanten für einen langlebigen und erfolgreichen Pfad. Ein Naturlehrpfad darf auch nicht als grünes Mäntelchen für einen nicht nachhaltigen Umgang mit Umwelt und Natur einer Gemeinde herhalten.

Tab. 7.1: Motive zur Anlage von Lehrpfaden.

Motive	**Beispiele**
Ökonomisch orientierte Motive	- Einkünfte für Betreiber - Beitrag zur regionalen Wertschöpfung durch Stärkung des Nächtigungs- und Tagestourismus und Verkaufsförderung lokaler Produkte - Verstärkte Gästebindung - Stärkung des Innovationspotenzials und der Wettbewerbsfähigkeit der Region
Gesellschaftlich orientierte Motive	- Umweltbildung, Wertewandel und Änderungen von Umwelteinstellungen und -verhalten - Beitrag zur Gesundheit - Erhöhung der Lebensqualität der lokalen Bevölkerung - Steigerung der regionalen Identität der Bevölkerung
Didaktische Motive	- Der Lehrpfad als Lernort für Schulen, Universitäten etc.
Besucherlenkung	- Besucherlenkung in Naturschutzgebieten - Lenkung zu weiteren touristischen Angeboten in der Region/vor Ort

7.1 Das richtige Thema und die richtige Zielgruppe

7.1.1 Das Thema

Die Suche nach dem richtigen Thema bedarf viel an Zeit und Energie, schließlich sollte es einzigartig, originell und spannend sein. Es muss zur Region bzw. zum Ort passen, Authentizität vermitteln, umsetzbar sein und von der Bevölkerung mitgetragen werden. Auch wird sich die spätere Gestaltung des Lehrpfades ganz dem Thema unterordnen. Ideen zum Thema liefert eine Aufnahme des Landschafts- und Naturraumes, der kulturellen Besonderheiten und historische Vorkommnisse. Eine besonders wertvolle Fundgrube bei der Suche nach Themen sind Personen, die nicht publiziertes lokales Wissen besitzen. Sie kennen oft Anekdoten, Sagen, historische Ereignisse oder bedeutsame Orte.

Entscheiden sich die Betreiber für die Natur als zentrales Thema, dann müssen sie mit der Variabilität des natürlichen Geschehens leben. Stadien der Vegetationsentwicklung, Windwürfe und Gipfelbrüche, die Mahd einer Wiese, Baumkrankheiten, das Erreichen der Altersgrenze etc. erfordern eine vorausschauende und flexible Lehrpfadgestaltung.

Breit gefasste Themen, wie die allgemeine Beschreibung des Naturraums, sprechen zwar ein weites Besucherspektrum an, sind inhaltlich kaum eingeschränkt und lassen die Integration verschiedenster Objekte entlang eines Weges zu. Nachteilig sind aber die vielen sich ähnelnden Lehrpfade und die oberflächliche Behandlung der Inhalte, die im Allge-

Foto 7.1: Themen über die Natur sind abhängig von lokalen Ressourcen. Die hier zu den Informationstafeln gehörenden Obstbäume mussten aufgrund von Feuerbrandbefall gefällt werden.

meinen und im Bekannten stecken bleibt. Solch ein „Lehrpfad für alle" ist keine Besonderheit und läuft Gefahr sich in der Masse der Lehrpfade zu verlieren. Typisches Beispiel dafür sind die vielen Waldlehrpfade, die das Ökosystem Wald im Generellen und die vorkommenden Baumarten beschreiben. Breite Themen lassen das Storytelling, das Erzählen einer durchgängigen Geschichte, in einem weit geringeren Ausmaß zu als enge Themen und mit der oft wahllosen Aneinanderreihung verschiedenster Aspekte geht dann der rote Faden verloren.

Für Lehrpfade mit einem globalen Thema ist das Spektrum an möglichen Standorten und Wegvarianten größer als für Pfade mit lokalem Thema, da diese an die Orte der Besonderheiten gebunden sind. Hingegen erlauben lokale Themen das Herausstreichen des Alleinstellungsmerkmals, ein wichtiger Baustein für das Marketing. Beispiele mit Alleinstellungsmerkmal sind der Brahmsweg (Steiermark), der Adalbert Stifter Panoramasteig (Oberösterreich) oder der Weg der Sinne (Tirol). Sie sind, da authentische Angebote, auch eher als globale Themen dazu geeignet, das Regionalbewusstsein zu stärken. Lokale Themen haben ein höheres Potenzial, Gäste an die Region zu binden, und können Beiträge zur Erhaltung des kulturellen Erbes und zum Aufbau eines Regionsimages leisten.

Der Weg der Sinne als Teil des touristischen Angebotes im Tal der Sinne

Die Virgener Feldflur in Tirol ist eine jahrhundertealte, feingliedrige Heckenlandschaft. Sie war Ausgangspunkt für ein regionalwirtschaftliches Projekt, das sowohl die nachhaltige Erhaltung dieser „Handarbeitslandschaft" als auch ihre touristische Nutzung zum Ziel hat. Neben der Vermarktung lokaler bäuerlicher Produkte und Maßnahmen zur Bewusstseinsbildung entstand ein Lehrpfad als zusätzliches touristisches Angebot im Virgental, dem „schönsten Hochgebirgstal der Ostalpen". Pulttafeln informieren über diese vom Menschen geprägte inneralpine Kulturlandschaft, während sensorische Stationen den Zauber der Virgener Feldflur vermitteln. Mit dem Angebot des Lehrpfades für Blinde – erster österreichischer Blindenwanderweg – eröffnen sich dem Tourismus weitere Perspektiven.

Quelle:
Michor (2002), Eintrag ins Lehrpfade-Portal, Presseinformationen des Tourismusverbandes Virgen

7.1.2 Die Zielgruppe

Wen soll der Lehrpfad ansprechen? Gleich am Beginn der Planung ist dies zu klären. Schließlich bestimmt das Zielpublikum Gestaltung, inhaltliche Aufbereitung, einzusetzende Medien und den Bedarf an Infrastruktur. Überraschenderweise können nur wenige Betreiber angeben, welche Zielgruppe sie mit ihrem Pfad dezidiert erreichen wollen (Jungmeier & Zollner 2002b, Megerle 2003). Dies mussten auch wir bei unseren Erhebungen feststellen. Viele Vorstellungen seitens der Betreiber über Inhalte und Darstellungsweisen von Lehrpfaden sind daher häufig subjektiv gefärbt und treffen nicht immer die Erwartungshaltungen ihrer Besucher. Was nützt die aufwändigste Sinnesinstallation, wenn sie für die Zielgruppe nicht bedienbar oder uninteressant ist? Ein Lehrpfad, der gleichzeitig Senioren und Kinder ansprechen will, läuft Gefahr, keiner Besuchergruppe gerecht werden zu können (Megerle 2003). Die Definition der Zielgruppe kann nicht nur nach dem Alter oder Familienstand erfolgen (Tabelle 7.2). Erwachsene beispielsweise lassen sich auch nach dem Bezug zum Ort oder Thema sowie hinsichtlich ihrer Aktivitäten und Interessenslagen unterscheiden (Beard & Ragheb 1983, Bricker & Kerstetter 2000, Bryan 1977, Lüdtke 2000, Virden & Schreyer 1988). Somit gibt es zahlreiche Möglichkeiten für die Definition der Zielgruppen.

Tab. 7.2: Matrix Besuchergruppen und mögliche Anforderungskriterien an die Gestaltung des Lehrpfades (verändert nach Jungmeier & Zollner 2002a).

Zielgruppen und Kriterien	**Alter & Gruppenzusammensetzung**	**Motive & Aktivitäten**	**Bildungsgrad**	**Themenbezug / Fachpublikum**	**Organisationsform (Vereine, Schulen etc.)**	**Wohnort & Gebietskenntnis**	**Spezifische Gruppen wie Gehbehinderte etc.**
Bedürfnisse wie Erlebnis, Wissensbedarf, Information, Bewegungsdrang, Geselligkeit etc.							
Themenwahl und Inszenierung							
Art der Informationsvermittlung (rezeptiv, interaktiv, sensorisch)							
Informationsdichte der Texte, Schriftgröße, Textlänge, Wortwahl							
Anzahl und Abstand der Stationen, Gestaltung der Stationen, Anbringungshöhe der Tafeln, Robustheit der Stationen							
Landschaftliches Umfeld, Wegeführung, Nutzung durch andere Besuchergruppen							
Länge des Weges, Breite und Belag, Abkürzungsmöglichkeiten, Höhendifferenzen							
Art und Menge an Erholungsinfrastruktur wie Bänke, Spielplätze, Toiletten							
Zugänglichkeit, Wegeleitsystem							
Barrierefreie Erreichbarkeit von ÖV-Haltestellen, Parkplätze (für Rollstuhlfahrer)							
Integration in das gesamttouristische Angebot							
Marketingstrategie und -instrumente etc.							

Wird der Lehrpfad an einem bereits bestehenden Weg angelegt, dann helfen Erhebungen über die vorhandene Besucherstruktur das Potenzial von möglichen Interessierten an dem Thema zu quantifizieren oder umgekehrt das Thema des Lehrpfades an die vorhandene Besucherstruktur anzupassen. Nutzen vor allem die lokale Bevölkerung oder Stammgäste den Lehrpfad, dann bieten austauschbare Module die Möglichkeit, für die wiederkehrenden Besucher immer wieder neue Informationen zur Verfügung zu stellen.

Foto 7.2: Ein gelungenes Beispiel für einen „Lehrpfad für alle" ist der Barfußweg in Wenigzell (Steiermark). Jung und Alt wandern über Stock und Stein.

Gestatten – Bruni, Pitzi, Poldi, Lori, Ossi, Susa, Kali, Seppl …

Wer Kinder als Zielgruppe anspricht, sollte nicht auf die Hilfe der kleinen Wegbegleiter verzichten. Diese stellen in einfacher kindergerechter Sprache Fragen, erklären, um was es geht, animieren zum Nachdenken, Schauen, Riechen, Spielen und Begreifen. An jeder Station und im unteren Tafelbereich sollten sie zu finden sein, sie können aber auch in Form eines großen Modells erscheinen oder als Spielgerät dienen. Die Wegbegleiter müssen natürlich einen Bezug zum Thema haben, so wie Poldi, der Laubfrosch, als alteingesessener Bewohner des Auwaldes, Pitzi, der Steinbock, als waschechter Pitztaler, Ossi, der Waldkauz, als weiser Bewohner des Waldes oder Susa als der Frischling aus dem Wienerwald.

Ossi, der Waldkauz (Natur- und Wildpark Buchenberg, Niederösterreich)

Pitzi aus dem Pitztal (Wildtieren auf der Spur, Tirol)

Foto 7.3: Hochwässer sollten bei der Wegauswahl für einen Lehrpfad miteinkalkuliert werden (Finnland).

Foto 7.4: Feucht-schattige und windstille Standorte sind für Lehrpfadtafeln weniger geeignet, da sie kaum abtrocknen. Naturlehrpfad Mount Tsukuba, Japan.

7.2 Der richtige Standort

Sind Thema und Zielgruppe festgelegt, gilt es im nächsten Schritt die optimalen Standorte für Start- und Endpunkt, Stationen und Wegeführung zu finden. Dies setzt eine ausführliche Bestandsaufnahme voraus. Zu erfassen sind die natürlichen und kulturellen Besonderheiten, die bereits vorhandene Erholungsinfrastruktur und das touristische Angebot, die Besitzverhältnisse, die angrenzenden Nutzungen und die Erreichbarkeit des Lehrpfades mittels PKW oder Öffentlichem Verkehr (Tabelle 7.3).

Gefährdungen der Natur beispielsweise in Form von Störungen des Wildes, aber auch Gefahren für die Besucher, etwa durch Hochwässer oder Steinschlag, bestimmen den Wegverlauf mit. Planungen für Straßen, Hochspannungsleitungen und Gewerbeflächen sind in die Standortfindung ebenso miteinzubeziehen wie jene von Naturschutzgebieten. Weiters definieren die Besitzverhältnisse Weglänge und Wegführung. Der Nutzung bereits vorhandener Infrastruktureinrichtungen wie Spielplätze, Aussichtstürme oder Lagerwiesen sollte bei der Standortfindung Priorität eingeräumt werden.

Tab. 7.3: Kriterien zur konkreten Standortfindung.

Kriterien	Indikatoren
Wegführung des Lehrpfades	Natürliche Ressourcen: attraktives Landschaftsbild (Berge, kleinteilige Kulturlandschaften), Landschaftselemente (Streuobstwiesen, Almen, Gewässer), Naturphänomene, Naturdenkmäler, besondere Pflanzen, Möglichkeiten zu Tierbeobachtungen Kulturgeschichtliche Ressourcen: Überreste von ehemaligen Industrie- und Gewerbestätten, bekannte Handwerksbetriebe, historische Bauten und Plätze, Ausgrabungsstätten mystische oder religiöse Orte
Erreichbarkeit des Lehrpfades	Nähe zu Haltestellen des öffentlichen Verkehrs, Taktfrequenz der Verbindungen Erreichbarkeit des Lehrpfades mittels PKW: Anschluss an überregionales Straßennetz, Forststraßen, Mautstraßen; Parkmöglichkeiten Anschluss an das regionale Wanderwege- und Radwegenetz Vorhandensein von Aufstiegshilfen wie Seilbahnen Saisonale Erreichbarkeit (z. B. nicht im Winter) Erreichbarkeit für Pflegearbeiten
Besuchermenge und Besucherstruktur	Vorhandene Besucherzahlen und Besucherstrukturen auf dem künftigen Weg des Lehrpfades Potenzielle Besuchermenge: Einwohneranzahl innerhalb einer Tagesausflugsdistanz, Nähe zu Ballungsräumen Anzahl von Tages- und Übernachtungstouristen in der Region/am Ort Bestehende und mögliche Nutzerkonflikte
Besitzverhältnisse	Abgeltung, Kauf und Haftung für das Lehrpfadareal selbst sowie für Zufahrtswege, Parkplätze, Bereiche für Erholungsinfrastruktur

Vorhandene Infrastruktur am Lehrpfadareal und im Nahbereich	Vorhandensein von Aussichtspunkten Länge des Wegenetzes, Wegebelag, -breite Wegbeschilderung Spielplatz, Toiletten, Wasser-, Stromanschluss Gastronomie Touristische Attraktionen in der Umgebung Weitere Lehrpfade
Morphologie und Bodenart	Erfordernis von Brücken, Treppen, Rampen, Wegebefestigungen Einbau von Drainagen, Wasserableitungen
Gefährdungen und Konflikte	Gefährdungen durch Hochwasser, Lawinen, Muren, Steinschlag, Windwurf Gefährdungen der Besucher durch Weidevieh; Gefährdung des Weideviehs durch Besucher (z. B. freilaufende Hunde) Gefährdungen der Natur durch Lebensraumfragmentierung, Störungen des Brutraums, Erosion (z. B. Trittempfindlichkeit alpiner Rasen) Möglichkeiten der Besucherlenkung
Angrenzende Nutzungen (Bestand und Planung)	Lärm durch Verkehr (Straße, Luft), Gewerbe, Forstarbeiten, Lärmbelästigung der Anrainer durch Lehrpfadbesucher bzw. durch den Anreiseverkehr Störungen des Landschaftsbilds (Zersiedelung, Gewerbe) Planungen (Flächenwidmungsplan, Bebauungsplan), Umweltverträglichkeitsprüfung über Bauvorhaben wie Straßen

7.3 Planungsablauf

Nach dem Festlegen des Themas geht es nun an seine Aufbereitung. Da kein Lehrpfadstandort dem anderen gleicht, gibt es auch nicht das Erfolgsrezept und nicht den Prototypen eines idealen Lehrpfades. Jedes Thema braucht eine originelle Inszenierung, ein spezifisches Abstimmen der Gestaltung und Inhalte auf die Umgebung und die Zielgruppe. Prämisse aller Gestaltungsbemühungen sollte es sein, störende Elemente, die das Besuchserlebnis beeinträchtigen, rechtzeitig auszuschalten. Ersparen Sie den Besuchern Enttäuschungen über das inhaltliche Angebot, Themenbrüche, zu steile Wege, Irrwege und nicht funktionierende interaktive oder sensorische Stationen.

Der Weg zum Pfad durchläuft drei Phasen: Als Erstes wird ein Rohkonzept erstellt, darauf folgt die Detailplanung und schließlich die Ausführung. Für das Erstellen des Rohkonzeptes als auch für die Detailplanung können sich die Betreiber zweier Strategien bedienen (vgl. Weyer 1998): Bei der inhaltsorientierten Lehrpfadkonzeption werden die Inhalte und Texte von einem Experten erarbeitet. Ein Grafiker bereitet die vorgegebenen Inhalte mediengerecht auf, eine Firma fertigt die einzelnen Stationen an und errichtet den Lehrpfad. Erst jetzt erfolgt die erste Kommunikation zwischen den Besuchern und dem Lehrpfad. Ob die Inhalte des Lehrpfades für die potenziellen Besucher relevant sind und ob die gewählten Umsetzungsmedien auf deren Interesse stoßen, ergibt sich dabei eher zufällig.

Im Gegensatz dazu steht bei der besucherorientierten Lehrpfadkonzeption die definierte Zielgruppe von Beginn an im Zentrum der Überlegungen. Ein Team aus Experten, Tourismusverantwortlichen, Vertretern der lokalen Bevölkerung und der Zielgruppe, Pädagogen und Designern erarbeitet gemeinsam, wie das Thema am besten für die Zielgruppe aufbereitet, umgesetzt und vermarktet werden kann. Dieses Netzwerk identifiziert auch die regionalen Bedürfnisse und entwickelt ein maßgeschneidertes, umsetzbares und glaubhaftes Bildungsangebot für die Region bzw. den Ort. Auch wenn ein Team einen längeren Planungs- und Moderationsprozess braucht, rechtfertigt die dadurch erreichte Qualität bei der Umsetzung des Lehrpfades, aber auch die höhere Akzeptanz bei der Bevölkerung den Mehraufwand auf jeden Fall. Beim oberösterreichischen Kelten.Baum.Weg beispielsweise haben viele Bevölkerungsgruppen geholfen, den Pfad zu realisieren. Viele Anfängerfehler lassen sich vermeiden, wenn eine Firma, die sich auf die Planung von Lehrpfaden spezialisiert hat, beauftragt wird. Gleichzeitig besteht aber die Gefahr, dass das Ergebnis ein „Lehrpfad von der Stange" ist.

Wie aus einem Ferialjob ein EU-geförderter Naturerlebnispfad wurde – Das Beispiel Kelten.Baum.Weg in Oberösterreich

Der Gruppenleiter der Österreichischen Naturschutzjugend (önj) in St. Georgen i. Attg. hatte 2003 die Idee, einen lokalen Wanderweg in das Blickfeld der Öffentlichkeit zu rücken. Die herrlichen alten Alleen und Baumreihen des landschaftlich reizvollen Weges waren bis dato sogar den Einheimischen kaum bekannt. Eine engagierte Ferialarbeiterin bei der Naturschutzjugend sollte dies ändern. Just zu dieser Zeit haben Forschungen über die keltischen Hügelgräber der Region stattgefunden – die Idee des Kelten.Baum.Weges war geboren und ein Konzept wurde entwickelt. Gemeinsam mit dem örtlichen Tourismusverband konnten im Rahmen eines EU-Projektes Gelder für den Bau aufgetrieben werden. Federführend bei der Konzeption des Pfades war die Familie der Ferialarbeiterin, mitgearbeitet an der Realisierung haben Wissenschafter, Vereine, Künstler, Pädagogen, eine Behindertenwerkstätte, Firmen, Schulen und Gemeinden. Zum Bau des Weges wurden fast ausschließlich heimische Firmen herangezogen.

Foto 7.5: Neu-Kelten bei der Arbeit. Zahlreiche tatkräftige Hände unterstützten die Fachleute beim Bau des Keltenhauses.

Das Rohkonzept definiert den Wegverlauf, die Anzahl der Stationen, die Medien, die zur Umsetzung gewählt werden, und den Bedarf an Erholungsinfrastruktur. Anhand der Grobkostenschätzung werden schließlich mögliche Förderstellen und Partner ausfindig gemacht. Naturschutz- oder Tourismusabteilungen, aber auch Firmen sind denkbare Ansprechpartner. Viele Lehrpfade in Österreich wurden in den letzten Jahren mit Hilfe von internationalen Förderprogrammen wie Interreg, Life oder Leader errichtet. Man gewinnt fast den Eindruck, dass Gelder aus Brüssel geradezu prädestiniert für einen Lehrpfadbau sind. Erforderliche Baubewilligungen müssen eingeholt und Haftungsfragen geklärt werden. Gerade in Naturschutzgebieten bedarf es einer frühzeitigen Absprache mit den zuständigen Behörden. In dieser Projektphase sind auch die Verantwortlichkeiten und Aufgabenbereiche für die weitere Planung festzulegen, um einen reibungslosen Projektablauf zu gewährleisten.

Je nach eingesetzten Medien, verwendetem Material, Anzahl an Stationen und Eigenleistungsanteil können die Preise für einen Lehrpfad drastisch schwanken. Ebers et al. (1998) berichten von Preisunterschieden von bis zu 200 % bei gleichen Materialien. Kostenvoranschläge helfen, die Baukosten abzuschätzen, haben aber den Nachteil, dass sie nicht verbindlich sind. Zur Ermittlung des Bestbieters ist daher eine Ausschreibung erforderlich, in der die einzelnen Leistungen detailliert beschrieben sind. Eine Ausschreibung setzt allerdings die Kenntnis der benötigten Materialien und Mengen und damit eine Detailplanung und ein Mindestwissen für den Bau voraus und sollte unbedingt von Fachleuten durchgeführt werden.

Basierend auf den Angeboten der Ausschreibung erfolgt die Auswahl der ausführenden Firma, wobei das Augenmerk auf den Best- und nicht den Billigstbieter zu richten ist. Schließlich sind Lehrpfade als Einrichtungen im Außenbereich den unterschiedlichsten Witterungsbedingungen über viele Jahre und Jahrzehnte ausgesetzt. Mit einer direkten Vergabe des Auftrages an im Ort oder in der Region ansässige Firmen und Professionalisten werden bereits die ersten ökonomischen Effekte initiiert. Während der Bauphase sind eine Bauaufsicht und eine begleitende Kontrolle der Finanzen unbedingt notwendig.

7.4 Der strukturelle Aufbau eines Lehrpfades

Jeder Lehrpfad besteht von seinem strukturellen Aufbau her aus den folgenden vier Bereichen (vgl. Ludwig 2005):

- Eingangsbereich,
- eigentlicher Pfad,
- Ausgangsbereich und
- Lehrpfadumfeld.

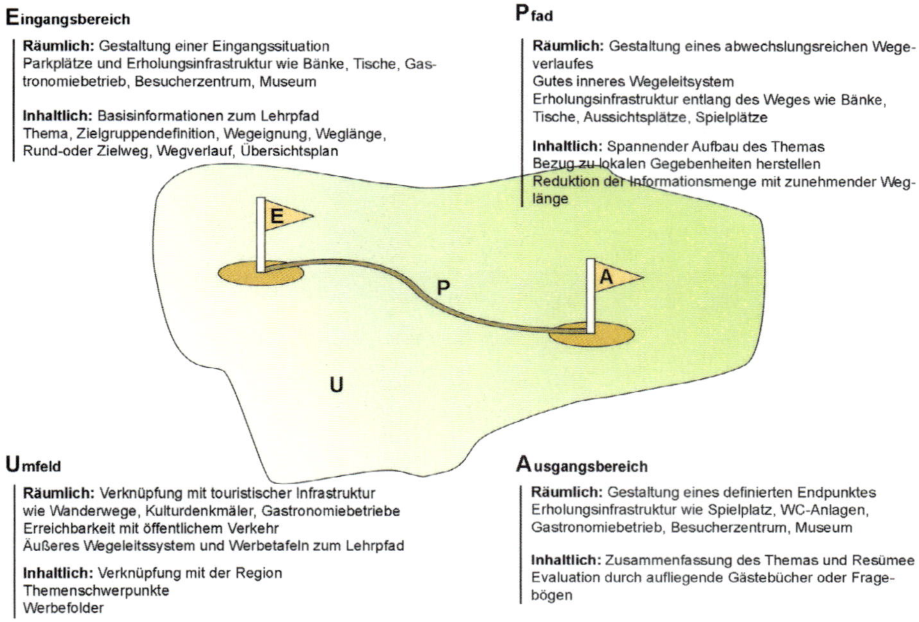

Abb. 7.1: Der strukturelle Aufbau eines Lehrpfades.

Eingangsbereich

Der Eingangsbereich ist der inhaltliche und räumliche Zugang zum Lehrpfad, der Empfangsraum und der Start ins Erlebnis. Hier verschaffen sich die Besucher, am besten anhand einer Eingangstafel, einen Einblick in das Thema des Pfades und einen Überblick über den Wegverlauf. Auch lernen sie das Corporate Design des Pfades kennen. Der Eingangsbereich muss einfach auffindbar und deutlich sichtbar sein. Ein Startpunkt, eingezwängt zwischen Straßen und von Verkehrslärm beeinträchtigt, bietet sicherlich nicht den Rahmen, um sich auf einen Lehrpfadbesuch einzustimmen. Sitzgelegenheiten, eine gefüllte Box mit Lehrpfadfoldern, Parkplätze und eine Haltestelle des öffentlichen Verkehrs in unmittelbarer Nähe ergänzen das Angebot.

Obwohl die große Bedeutung einer informativen Eingangstafel in allen Gestaltungsvorschlägen für Lehrpfade betont wird, ist sie keine Selbstverständlichkeit bei den österreichischen Lehrpfaden. Logischerweise steht sie am Beginn und nicht erst in der Mitte des Pfades. Auch so ein Beispiel gibt es in Österreich. Eine gute Eingangstafel beinhaltet folgende Basisinformationen:

- Kurzpräsentation des Themas
- Angabe der Zielgruppe
- Weglänge, Gehdauer, Rund- oder Zielweg
- Wegeignung (Kinderwagen, Rollstuhl), Schwierigkeitsgrad des Weges

- Übersichtskarte mit Wegverlauf und Standorte der Stationen
- Touristische Infrastruktur entlang des Weges oder im näheren Umfeld, z.B. Hinweise auf Gastronomiebetriebe und deren Öffnungszeiten
- Erforderliche Ausrüstung (Proviant, Bergschuhe)
- Haltestellen des öffentlichen Nahverkehrs
- Betreiber des Lehrpfades mit Kontaktadresse

Foto 7.6: Eine gut gestaltete und informative Eingangstafel wie am Au-Erlebnisweg in Klosterneuburg (Niederösterreich) ist für jeden Lehrpfad ein Muss!

Der Pfad

Der Pfad verbindet die einzelnen Stationen. Wichtig sind dabei eine durchgehende Inszenierung des Themas, der Aufbau einer Dramaturgie und eines Spannungsbogens („Storytelling") sowie das gezielte Heranführen an einzelne Höhepunkte (Abbildung 7.2). Durchdachte Stationen und deren Inhalte erregen Aufmerksamkeit, wecken Interesse und animieren zum Weitergehen zur nächsten Station. Dabei sollte die Informationsmenge mit zunehmender Weglänge reduziert werden, um den Besuchern ein langsames Ausklingen des Lehrpfadbesuchs zu ermöglichen.

Foto 7.7: Das Tor zum Pfad. Eine eindeutig gekennzeichnete Eingangssituation am St. Laurent Weinwanderweg in Tattendorf (Niederösterreich).

Foto 7.8: Die weithin sichtbaren, verkehrt eingegrabenen Baumstämme kennzeichnen den Eingang des Kelten. Baum.Weges in St. Georgen i. Attergau (Oberösterreich). Ausgestattet ist der Eingangsbereich mit Sitzgelegenheiten, einer mit Foldern gefüllten Box und einer übersichtlichen Eingangstafel.

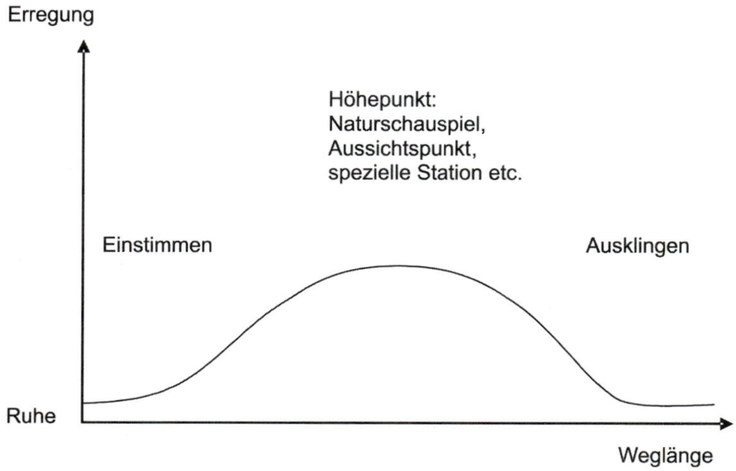

Abb. 7.2: Der dramaturgische Ablauf eines Lehrpfadbesuchs (verändert nach Scheurer 2003).

Foto 7.9: Einrichtungen wie die „Millionenshow" am Baumkronenweg Kopfing (Oberösterreich) eignen sich gut für eine abschließende, wissensvertiefende Station bei einem Lehrpfad.

Ausgangsbereich
Ähnlich dem Eingangsbereich ist für den Ausgangsbereich ein geeigneter Standort auszuwählen, der ein Sammeln und Ausklingen lassen des Besuchs in angenehmer Umgebung ermöglicht. Wie der Beginn ist auch das Lehrpfadende inhaltlich wie räumlich anzuzeigen. Wird darauf vergessen, führt dies vor allem bei Zielwegen zu großer Verwirrung - und Verirrung. Die wichtigsten Botschaften des Lehrpfades sollten hier noch einmal pointiert zusammengefasst werden. Eine Gestaltung der letzten Station als „Wissens-Check“ oder „Millionenshow“ findet bei Groß und Klein Anklang und vertieft die beim Besuch aufgenommenen Informationen. Boxen mit Fragebögen geben den Besuchern die Gelegenheit, den Lehrpfad zu beurteilen. So erhalten die Betreiber wichtige Hinweise hinsichtlich der Zufriedenheit und Wünsche ihrer Besucher.

Die Ausstattung an Erholungsinfrastruktur entspricht im Wesentlichen der des Eingangsbereichs. Bei einem Rundweg fällt der Ausgangsbereich mit dem Eingangsbereich zusammen. Dies spart auf der einen Seite Kosten, da die Infrastruktur nur einmal benötigt wird, auf der anderen Seite müssen die Kapazitäten aufgrund der größeren Besucheranzahl höher sein.

Umfeld
Ein Bereich, der in die Konzeption eines Lehrpfades noch immer viel zu wenig einbezogen wird, ist das Umfeld, der Ort oder die Region, in dem bzw. in der sich der Pfad befindet. Besonders wenn ein Weg aus touristischen Motiven angelegt wird, müssen das Umfeld und der Lehrpfad miteinander vernetzt sein. Ein äußeres Wegeleitsystem zum Pfad, Werbetafeln im Ort und Folder in den Tourismusinformationen, örtlichen Gasthäusern oder anderen touristischen Sehenswürdigkeiten helfen, den Pfad in der Region zu verankern und bekannt zu machen. Umgekehrt werben Aushänge und Folder am Lehrpfadareal für Gastronomiebetriebe, Verkaufsstellen von lokalen Produkten und weitere Sehenswürdigkeiten in der Umgebung.

7.5 Gestaltung der Stationen

7.5.1 Design und Materialwahl

Ein durchgängiges Erscheinungsbild (Corporate Design), welches das Thema widerspiegelt, garantiert ein schnelles Wiedererkennen des Lehrpfades, unterstützt das Orientieren am Pfad, betont seine Unverwechselbarkeit und steigert das Lehrpfaderlebnis. Das Corporate Design beschränkt sich nicht nur auf ein uniformes Textlayout der Informationstafeln, sondern umfasst auch Materialwahl, Grundformen und Größenverhältnisse der Informationsträger sowie die Gestaltung und Ausstattung des Stationsumfeldes und die Entwicklung eines eigenen Logos.

Logos

Logos sind ein wichtiger Teil des Corporate Designs, werden aber nur selten für Lehrpfade entwickelt. Sie müssen als Teil der Inszenierung das Thema reflektieren und im Sinne eines durchgehenden Corporate Designs auf allen Tafeln, Wegweisern und Informationsbroschüren zu finden sein. Das Logo soll Interesse wecken und zum Begehen des Lehrpfades einladen.

Die Logos wurden den Lehrpfaden 10 Mühlenweg, Adalbert Stifter Panoramasteig, Kelten.Baum. Weg, Bankerlweg (alle Oberösterreich), Weinweg der Sinne (Steiermark), Kaunerberger Wasserweg (Tirol), Spiritueller Weg Weiz (Steiermark) entnommen.

Foto 7.10: Der Baumstamm mit Wurzel, hier als Sitzgelegenheit, findet sich bei allen Stationen des Kelten.Baum.Weges in St. Georgen i. Attergau (Oberösterreich). So wird durchgängig der Baum, ein Hauptthema des Weges, inszeniert.

Bei der Entwicklung des Corporate Designs spielen neben dem Thema und der angesprochenen Zielgruppe auch lokale Rahmenbedingungen eine bedeutende Rolle. Regionsspezifische Materialien, Verarbeitungsweisen und Gestaltungsprinzipien sollten in die Lehrpfadplanung miteinfließen. Gerade beim Design sind Kreativität und Fantasie gefragt, um den Lehrpfad einmalig und unverwechselbar zu machen.

Für den Bau von Lehrpfadstationen und den dazugehörigen Infrastruktureinrichtungen stehen verschiedenste Materialien zur Verfügung. Da meist kein Werkstoff vorhanden ist, der allen Anforderungen optimal genügt, muss im Rahmen einer Kosten-Nutzenanalyse das für den Pfad geeignete Material und die beste Materialkombination ausgewählt werden. In der Praxis wird als Trägermaterial für Informationstafeln und für den Bau von interaktiven und sensorischen Stationen sehr häufig Holz verwendet. Daneben werden Metall, Stein, Glas oder Plexiglas eingesetzt (Tabelle 7.4).

Tab. 7.4: Einsatzmöglichkeiten verschiedener Materialien im Lehrpfadbau (verändert nach Ebers et al. (1998), Lipsmeier & Teml (1996), Ludwig (2005), Szekeres (2003)).

Material	Vorteile	Nachteile	Haupteinsatzbereiche
Holz	einfach zu bearbeiten, integriert sich gut in die Landschaft, umweltfreundliches Material, hohe Verfügbarkeit, preisgünstig, (relativ lange Haltbarkeit von Hartholzarten, z. B. Lärche)	hohe Verwitterungsanfälligkeit von Weichholzarten (Tanne, Fichte), Verwitterung von Holzteilen, die einem permanent wechselnden Übergangsbereich von Feuchtigkeit und Sauerstoff ausgesetzt sind, konstruktiver Holzschutz erfordert Fachkenntnis (rasche Wasserableitung und Wiederabtrocknung, kein Eindringen von Feuchtigkeit), kesseldruckimprägniertes Weichholz ist weniger umweltfreundlich, kaum direkt bedruckbar, entflammbar, schwierige Wiedergabe von Bildelementen und Farbe	Trägerelement (Tafel mit geschnitzter, gefräster, gemalter oder bedruckter Schrift anfällig gegenüber Verwitterung), Bauteile von sensorischen und interaktiven Stationen
Metall Aluminium	witterungsbeständig, schmutzabweisend, relativ billig, eignet sich gut, um mit Folien beklebt zu werden, mit Eloxalunterdruckverfahren direkt bedruckbar, dadurch relativ kratzfest und lange haltbar, in verschiedenen Stärken erhältlich, einfaches Entfernen von Graffitis, biegbar, leicht	energieintensive Herstellung, als Tafel nicht sehr stabil (abh. von Tafelstärke), geringe Integration in das Landschaftsbild	Trägerelement für Folien, Tafel, wenn direkt bedruckt oder graviert
Edelstahl	sehr robust, kratzfest, nicht entflammbar	teuer, Fremdkörper in der Landschaft	Trägerelement für Folien, Tafel, wenn graviert, Bauteile von sensorischen und interaktiven Stationen
Blech (verzinkt)	in verschiedenen Stärken erhältlich, preisgünstig, nicht entflammbar	nicht so stabil wie Edelstahl, schwierige Wiedergabe von Bildelementen und Farbe, geringe Integration in das Landschaftsbild	Trägerelement für Folien, Tafel, wenn graviert

Messing	in verschiedenen Stärken erhältlich, nicht entflammbar	laufen schwarz an, teuer, nicht so stabil wie Edelstahl, Farbe platzt leicht ab, schwierige Wiedergabe von Bildelementen, geringe Integration in das Landschaftsbild	Tafel, wenn graviert oder direkt beschriftet
Naturstein	sehr robust, witterungsresistent, zerstörungsresistent, fügen sich gut ins Landschaftsbild ein, gute Verfügbarkeit, nicht entflammbar,	Schiefer oder Sandstein, witterungsanfällig, schwer form- und bearbeitbar, hohes Gewicht, teuer, schwierige Wiedergabe von Bildelementen und Farbe	Trägermaterialien, Tafel, wenn graviert
Sicherheitsglas	witterungsbeständig, schlag- und kratzfest, nicht entflammbar	teuer, schwer, Spiegelungseffekte bei ungünstigem Lichteinfall, hoher Reinigungsaufwand, schwierige Bearbeitung	Tafel, wenn graviert, Trägerelement für Folien, Schutz von bedruckten Folien oder Papier
Plexiglas (transparent)	von hinten bedruckbar, bruch- und schlagfest, witterungsbeständig, leicht, einfache Bearbeitung	hohe Kratzempfindlichkeit, wird blind, Spiegelungseffekte bei ungünstigem Lichteinfall (bedingt UV-beständig), brennbar, hoher Reinigungsaufwand, geringe Integration in das Landschaftsbild	Tafel, wenn graviert, Trägerelement für Folien, Schutz von bedruckten Folien oder Papier
PVC-Folien (lichtecht)	kostengünstig, witterungs- und UV-beständig, einfach zu aktualisieren und zu reproduzieren, einfache Verwendung von Farbe und Grafiken, geeignet für viele Trägermaterialien mit glatter Oberfläche zum Aufkleben	entflammbar, hohe Kratzempfindlichkeit, nicht umweltfreundlich	Informationsträger auf Tafel

Da die Stationen jahrzehntelang im Freien stehen und wechselnden Witterungsbedingungen ausgesetzt sind, ist der Einsatz von witterungsanfälligen, aber dafür billigeren Materialien langfristig gesehen aufgrund der hohen Erhaltungskosten sicher weniger kosteneffizient, als wenn von Beginn an auf qualitativ hochwertige und widerstandsfähige Werkstoffe gesetzt wird. Folgende Aspekte sollten daher bei der Auswahl der einzelnen Materialien berücksichtigt werden (Ebers et al. 1998, ergänzt):

- Hohe Witterungsbeständigkeit
- Lange Haltbarkeit
- Einfache Bearbeitbarkeit
- Hohe Belastbarkeit
- Geringer Wartungsaufwand
- Geringe Anfälligkeit gegenüber Vandalismus
- Vereinbarkeit mit der Umgebung und dem Corporate Design
- Hohe Umweltverträglichkeit
- Attraktivität
- Kosten
- Verfügbarkeit, auch noch nach Jahren

Foto 7.11: Am Planetenweg in Königsstetten (Niederösterreich) werden Steinblöcke als Trägermaterialien für Informationstafeln und Planetenmodelle verwendet.

Foto 7.12: Vollständig zerkratzte Plexiglasscheibe bei einem Naturlehrpfad auf Gomera (Spanien).

Foto 7.13: Die Pulttafel am Waldbründllehrpfad in Purbach (Burgenland) wurde auf ein Holzgestell montiert. Die auf eine Metallplatte aufgezogene PVC-Folie wird durch eine Plexiglasscheibe geschützt. Das Holzgestell steht auf einem Betonsockel, um den direkten Kontakt mit dem Erdboden zu verhindern.

Foto 7.14: Die durch direkte Sonneneinstrahlung ausgebleichte, ursprünglich rote Schrift erscheint nun gelb und ist kaum mehr lesbar.

7.5.2 Aufbau der Stationen

7.5.2.1 Informationstafeln

Informationstafeln vermitteln anhand von Texten, die mit Bildern oder Grafiken illustriert sind, Informationen zum Thema. Das größte Problem beim Formulieren der Texte ist der Ehrgeiz, zu viel an Wissen vermitteln zu wollen. Wie auch die Erhebungen für dieses Buch bestätigten, sind viele Tafeln mit Text und Informationen überladen. Hier hilft es, sich folgende Zahlen vor Augen zu halten (Ludwig 2005, Wohlers 2003):

- Der Mensch liest durchschnittlich 200 Wörter in der Minute.
- Es gibt 3-Sekunden- (ca. 10 Wörter), 30-Sekunden- (100 Wörter) und 3-Minutenleser (600 Wörter).
- Die durchschnittliche Verweildauer bei einer Tafel liegt bei maximal 60 Sekunden.
- Der Haupttext einer Tafel sollte folglich nicht mehr als 200 Wörter umfassen.
- Ein Absatz sollte aus maximal 2–3 Sätzen bestehen, ein Satz aus 10 bis 15 Wörtern, eine Zeile aus maximal 50 Zeichen.

Übrigens, dieser Absatz hatte über 130 Wörter. Kaum zu glauben, aber es gibt auch Beispiele, wo Lehrpfadtafeln rekordverdächtige 1000 Wörter in einem Absatz ohne jegliche Untergliederung enthalten.

Originelle und spannende Tafeltitel		
Konventioneller Titel	**Origineller Titel**	**Lehrpfad**
Befruchtungsverhältnisse der Orchideen	Im Liebesrausch betrogen	Orchideenerlebnisweg
Das Insektenauge	Unter vier Augen mit einem Insekt	Waldlehrpfad Buchenberg
Fellpflege der Wildschweine	Was kümmert es die Eiche, wenn sich die Sau an ihr scheuert	Naturlehrpfad Nikolaitor
Bedeutung der Stechmücken	Blutsauger oder Leckerbissen	AU-Erlebnisweg Klosterneuburg
Die Fische des Neusiedler Sees	Aalglatt und kaltblütig	Schilflehrpfad Purbach

Bereits der Titel entscheidet, ob die Besucher eine Tafel lesen. Spannende Überschriften machen neugierig auf die weiteren Tafelinhalte und animieren zum Weiterlesen (siehe Textbox). Der Aufbau des Textes selbst sollte dem eines Presseberichtes ähneln. Das Wichtigste steht immer am Beginn. Der Text selbst stellt eine Beziehung zu den Besuchern, am besten über konkrete Beispiele aus ihrer Lebenswelt, her, bietet überraschende Erkenntnisse (Aha-Effekt), enthüllt Zusammenhänge und provoziert. Im Kopf der Besucher entstehen dadurch Bilder und Geschichten, die Emotionen wecken. Eine einfache Sprache ohne Fremdwörter, Fachausdrücke und Schachtelsätze unterstützt das Eintauchen in das Lehrpfaderlebnis, ebenso wie eine persönliche Ansprache durch Aufforderungen zum Mitdenken, Vergleiche oder Fragesätze (Ludwig 2005, Wohlers 2003).

Eine Option, die Besucher zu fesseln, bietet das „Storytelling". Hier werden die einzelnen Informationen im Rahmen einer Geschichte erzählt. Das „Storytelling" ist eigentlich ein Kernelement jeder Inszenierung und typisch für Interpretationspfade (Ludwig 2005, Lehnes & Glawion 2002). Wer beispielsweise mit Seppl im oberösterreichischen Grünau im Almtal „glankerln" geht, der folgt einer durchgehenden Geschichte. Am Mitterberg in Salzburg verfolgen die Besucher die Herstellung des Kupfers vom Abbau des Erzes hoch am Berg bis zur Aufbereitung als Kupfer im Tal. Vom Urknall bis nach Kapfenstein geht es beim Geotrail Kapfenstein in der Steiermark. Warum in Österreich das „Storytelling" so wenig Anwendung findet bzw. so wenig konsequent umgesetzt wird, ist erstaunlich. Viele Lehrpfade haben zwar ein Hauptthema, die einzelnen Unterthemen stehen aber dann zusammenhanglos nebeneinander.

Sehr häufig vermitteln Lehrpfadtafeln nur so genannte „fun facts" wie Vorkommen von Pflanzen oder Tieren, ihren Gefährdungsgrad, Größe, Anzahl der Jungen, Brutzeit etc., die nacheinander aufgezählt werden (Wohlers 2003). Dabei stellt sich die Frage, ob die Besucher das wirklich alles wissen wollen, insbesondere dann, wenn die Einbindung der einzelnen Fakten in einen übergeordneten Zusammenhang fehlt. Spätestens nach der dritten Beschreibungstafel wird ein Großteil der Leser das Interesse verlieren.

Welche der folgenden Baumbeschreibungen möchten Sie bei einem Lehrpfadbesuch lesen?

Beispiel 1: Birke

Als ursprüngliche Bewohnerin des Nordens ist sie der winterhärteste Laubbaum überhaupt. Ein Pionierbaum, der auch auf anspruchslosen Böden wie Magerweiden und in Mooren wächst, allerdings viel Licht braucht.

Superkleber der Urzeit:

Die weiße wasserdichte Rinde wurde nicht nur als Schreibpapier, sondern auch für Dachschindeln, sogar Umhänge und Schuhe verwendet. „Ötzi" hatte ein Gefäß aus Birkenrinde dabei.

Der aus der Rinde gewonnene Birkenteer war schon in vorgeschichtlicher Zeit als Klebstoff und zum Abdichten von Gefäßen und Booten unentbehrlich.

Besen und Ruten:

Mit Birkenblättern kann man Stoffe je nach Zusatz grün oder gelb färben. Gebundenes Birkenreisig ergab hervorragende Besen und leider auch Ruten zum Züchtigen von Kindern.

Zu Fronleichnam verwendet man Birkenzweige als Schmuck und auch der ursprüngliche Maibaum soll eine Birke gewesen sein.

Heilmittel und Schönheitstrunk:

Ihre Pollen sind bei Allergikern gefürchtet, aber ihr Baumsaft und der Tee aus frischen Blättern regen die Tätigkeit von Niere und Blase an.

Das Birkenwasser, durch Anzapfen gewonnen, galt als Schönheitstrunk und Stärkungsmittel. Es wirkt gegen Schuppen und Haarausfall und hilft auch bei Ausschlägen oder als Gesichtslotion.

Beispiel 2: Hänge-Birke (Betula pendula)
Zur Familie: Die Hänge-Birke gehört zur Familie der Birkengewächse (Betulaceae), welche weltweit mit über 120 Arten vertreten ist. Von den etwa 65 Birkenarten sind nur 4 Arten in Österreich heimisch.
Aussehen:

- Die Hänge-Birke wird bis zu 120 Jahre alt und kann eine Höhe bis zu 30 Metern erreichen.
- Die männlichen Kätzchen sind länglich-walzenförmig und bis 10 cm lang. Die weiblichen Kätzchen sind zylindrisch und 2–4 cm lang.
- Die rhombischen Blätter sind scharf doppelt gesägt, oberseits lebhaft grün und unterseits hellgrün.
- Die Rinde ist schneeweiß, glänzend und schält sich in horizontalen Streifen ab. Besonders bei älteren Bäumen sind die Zweige stark überhängend.

Standortsökologie:
Die Hänge-Birke bevorzugt lichte Laub- und Nadelwälder, vor allem auf nährstoffarmen, sandhaltigen Lehm- oder Steinböden kühl-trockener Klimagebiete. Im höheren Gebirge tritt sie vor allem im Bereich der Hochmoore oder an der Waldgrenze auf.

Beispiel 3: Jedes Jahr ein neues Kleid!
Während alle Nadelbäume das ganze Jahr hindurch grün sind, werde ich im Herbst wie ein Laubbaum gelb und werfe alle Nadeln ab. Im Winter sind meine Zweige kahl, nur kleine, eiförmige Zapfen hängen dran. Im Frühling bekomme ich dann ein hellgrünes Nadelkleid sowie gelbliche und purpurrote Blüten. Meine Rinde ist grau- bis rotbraun und tief gefurcht. Ich werde für die Erzeugung von „Schindeln“ verwendet – das sind Dachziegel aus Holz. Auch das Dach dieser Lehrpfadtafel ist mit Schindeln gedeckt! Sie haben richtig geraten, mein Name ist .... Lärche!

Beispiele entnommen den Lehrpfaden Kelten.Baum.Weg (Oberösterreich), Naturerlebnisweg Weltkugel (Niederösterreich) und Gewässerlehrpfad (Oberösterreich).

Organisation auf der Tafel

Einheitlich gestaltete Tafeln fördern das Wiedererkennen und erleichtern das Lesen. Der Blick wandert auf einer Tafel nicht automatisch von links nach rechts, sondern wird zuerst auf auffallende Elemente gerichtet. Die Informationen auf der Tafel sind daher so zu strukturieren, dass Wesentliches auf einen Blick erkennbar ist. Gliederung durch Aufzählungen oder chronologische Abfolgen erleichtern die Aufnahme der Inhalte. Verwenden Sie daher maximal fünf verschiedene Organisationselemente (Ludwig 2005). Mit Schriftgrößen und -farben, farbigen Unterlegungen, Positionierungen an bestimmten Stellen etc. lassen sich die Elemente in eine hierarchische Ordnung bringen. Mögliche Elemente sind beispielsweise

- Titelzeile,
- Untertitel,
- Haupttext,
- Zusatzinformation und
- Bildelemente.

Gerade Bilder werden bereits von der Ferne wahrgenommen und sollten daher ähnlich der Titelzeile prägnant sein, eine erste Information bieten, auf den Text neugierig machen und die Aussagen des Textes unterstreichen.

Schrift

Für die Gestaltung des Textes bieten sich unzählige Schriftarten an. Generell lässt sich eine Unterscheidung in Schriftfamilien mit und ohne Serifen treffen, wobei unter Serifen kleine Anhänge an den einzelnen Buchstaben verstanden werden, die das Auge beim Lesen führen. Gut bewährt haben sich Times New Roman und Helvetica. Großbuchstaben eignen sich nur für Überschriften und nicht für Fließtexte. Sie verbrauchen gegenüber Kleinbuchstaben bis zu 40 % mehr an Platz. Bei Texten auf Tafeln ist der linksbündige Flattersatz vorzuziehen, da ansonsten die Wörter in den Zeilen beim Blocksatz weit auseinandergezogen werden (Ludwig 2005).

Zur besseren Illustration zwei Textbeispiele:

Variante 1: Times New Roman, Großbuchstaben, Blocksatz

ALS URSPRÜNGLICHE BEWOHNERIN DES NORDENS IST SIE DER WINTERHÄRTESTE LAUBBAUM ÜBERHAUPT. EIN PIONIERBAUM, DER AUCH AUF ANSPRUCHSLOSEN BÖDEN WIE MAGERWEIDEN UND IN MOOREN WÄCHST, ALLERDINGS VIEL LICHT BRAUCHT.

Variante 2: Times New Roman, Kleinbuchstaben, linksbündiger Flattersatz

Als ursprüngliche Bewohnerin des Nordens ist sie der winterhärteste Laubbaum überhaupt. Ein Pionierbaum, der auch auf anspruchslosen Böden wie Magerweiden und in Mooren wächst, allerdings viel Licht braucht.

Die Größe der eingesetzten Schriften basiert immer auf der angenommenen Entfernung, aus der die Besucher den Text wahrnehmen. Die kleinste verwendete Schriftgröße muss aus einem Abstand von zwei Metern noch lesbar sein. Farbige Schriften erfordern einen stärkeren Hell-Dunkel-Kontrast (Ludwig 2005). Probleme können bei nicht lichtbeständigen Tafeln auftreten, wenn die Schrift ausbleicht und der Hintergrund nachdunkelt. Besonders gefährdet sind hier Tafeln, die der direkten Sonneneinstrahlung ausgesetzt sind. Für Ausstellungen wird empfohlen, Texte in einer Höhe von ein bis zwei Metern anzubringen (Wohlers 2003). Dies trifft auch für die Positionierung von Texten auf Informationstafeln zu.

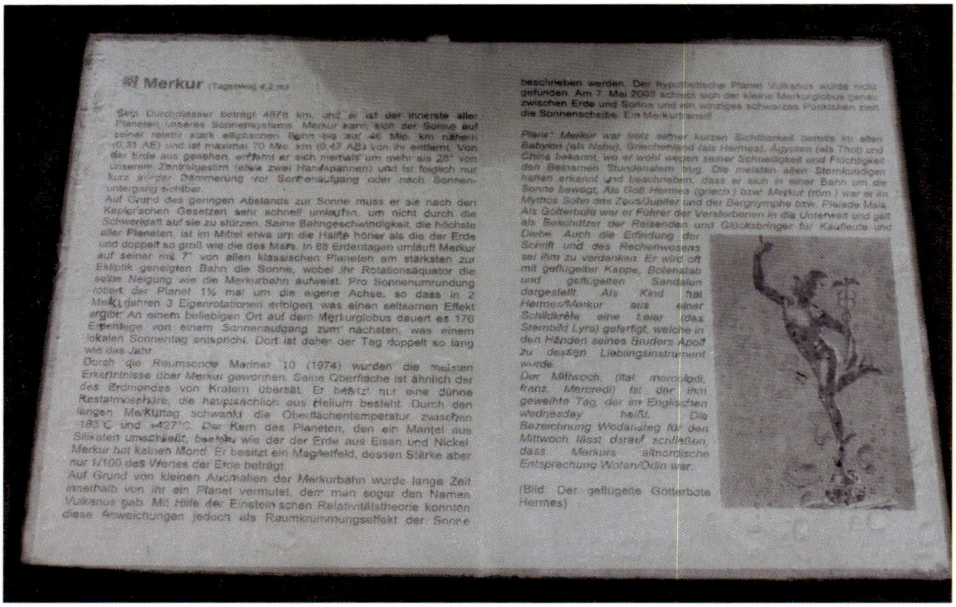

Foto 7.15: Bei dieser Tafel wurden einige Gestaltungsregeln missachtet: Der Text ist zu lang, die Informationen zu umfangreich, eine Gliederung fehlt – die Tafel wirkt überladen. Es entsteht fast der Eindruck, als wäre der Text direkt von einem Lehrbuch übernommen.

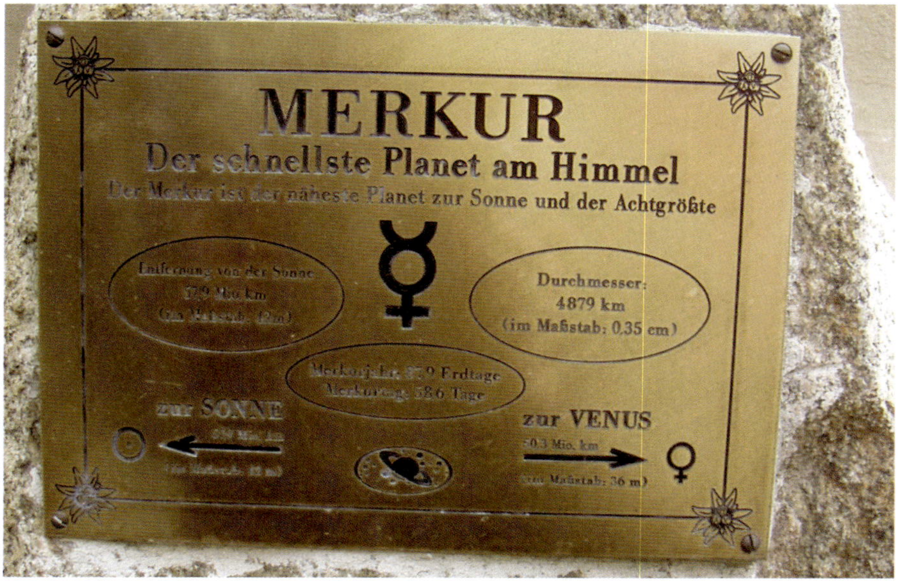

Foto 7.16: Im Gegensatz zur vorhergehenden Tafel ist hier das gleiche Thema, die Beschreibung des Planeten Merkur, zu minimalistisch aufbereitet. Das Informationsangebot beschränkt sich auf das Aufzählen von wenigen Fakten.

Foto 7.17: Pulttafeln in der richtigen Höhe werden von Groß und Klein gelesen. Baumkronenweg Kopfing (Oberösterreich).

Tafelform

Informationstafeln können als Pulttafeln oder senkrecht aufgestellte Tafeln eingesetzt werden. Die Pulttafel verursacht einen geringeren Eingriff ins Landschaftsbild und ermöglicht einen freien Blick in die Landschaft. In der richtigen Höhe angebracht, kann sie von Kindern und Erwachsenen gelesen werden. Nachteilig ist, dass das Wasser langsamer abfließt, sich Laub und Schnee auf der Tafel sammeln, diese dadurch leichter verschmutzt und schneller verwittert. Auch das Ausbleichen der Schrift erfolgt rascher als bei einer senkrechten Tafel. Spiegelungseffekte, die das Lesen der Texte erschweren, treten bei Pulttafeln verstärkt auf.

Senkrecht aufgestellte Tafeln sind besser vor Witterungseinflüssen geschützt. Das Wasser fließt schnell ab und Verschmutzungen sind weniger wahrscheinlich. Sie bedeuten jedoch einen größeren Eingriff ins Landschaftsbild. Durch die Aufstellungshöhe sind senkrecht aufgestellte Tafeln für Kinder nur teilweise lesbar. Mit dem Anbringen von Podesten oder der Anordnung kinderspezifischer Texte im unteren Tafelbereich kann dieses Problem aber einfach gelöst werden. Gerade bei senkrecht aufgestellten Tafeln bieten sich zahlreiche mögliche Formen der Gestaltung an.

Foto 7.18: Diese Pulttafel aus Holz am Lehrpfad Oberhauser Zirbenwald (Tirol) fügt sich gut in die Landschaft ein und gewährt einen freien Blick auf diese.

Foto 7.19: Innovatives Beispiel für Pulttafeln. Die geringe Anbringungshöhe erschwert allerdings das Lesen. Themenwanderung „Rund um den Bisamberg" (Niederösterreich).

Foto 7:20: Werden bei Pulttafeln Glas oder Plexiglas eingesetzt, können Spiegelungen zu einer erschwerten Lesbarkeit führen.

Foto 7.21: Pulttafeln haben den Nachteil, dass sie sehr schnell verschmutzen, vor allem wenn sie unter einem Laubbaum stehen.

Foto 7.22: Die Überdachung schützt die Tafel vor Witterungseinflüssen. Durch das senkrechte Aufstellen wird allerdings der freie Blick in die Landschaft beeinträchtigt. Konstruktionsformen wie hier beim Wassererlebnisweg Rattendorf (Kärnten) findet man häufig in Österreich.

Foto 7.23: Tafelränder müssen nicht immer geradlinig sein. Die wellenförmigen Holztafeln am Lehrpfad „Schau die Au“ in Judenburg (Steiermark) stellen einen Bezug zum Thema Wasser her.

Pulttafeln		Senkrechte Tafeln	
Vorteile	Nachteile	Vorteile	Nachteile
- Geringer Eingriff ins Landschaftsbild - Freier Blickbezug zum Objekt - Besser lesbar für Kinder	- Wasser fließt langsamer ab - Ansammeln von Laub und Schnee - Schnellere Verschmutzung und Verwitterung - Rascheres Ausbleichen der Schrift - Spiegelungseffekte treten auf - „Missbrauch" als Sitzplatz - Besucher gehen über Tafel	- Besser vor Witterungseinflüssen geschützt - Wasser fließt schneller ab - Weniger Verschmutzungen - Zahlreiche Möglichkeiten der Formgebung	- Eingriff ins Landschaftsbild - Für Kinder nur teilweise lesbar - Stärkere Fundamentierung aufgrund von Winddruck und Vandalismus

7.5.2.2 Interaktive und sensorische Stationen

Der Einsatz von interaktiven oder sensorischen Stationen bedeutet nicht nur höhere Anfertigungskosten, sondern auch einen höheren Wartungsaufwand. Bei der Materialauswahl für die Konstruktion gelten prinzipiell die gleichen Bedingungen wie bei der Anfertigung von Informationstafeln. Einige Grundsätze sind jedoch zusätzlich zu bedenken:

- Die Besucher müssen sehr schnell erkennen können, wie sie mit der jeweiligen Station umgehen sollen.
- Eine einfache und vor allem zielgruppengerechte Bedienbarkeit der Station muss gegeben sein.
- Die Station muss stabil und robust sein, um einer hohen Belastung standzuhalten.
- Die Station ist so zu gestalten, dass keine Verletzungsgefahr besteht.
- Die Station muss regelmäßig gewartet und auf ihre Funktionsfähigkeit hin überprüft werden.
- Einzelteile sollten bei einer Beschädigung möglichst einfach und problemlos ersetzt werden können.

Beispiele für interaktive Stationen

Die kostengünstigste Möglichkeit, eine interaktive Station anzubieten, liegt darin, die Besucher durch eine Frage oder Arbeitsaufgabe auf einer Tafel bzw. Broschüre zum aktiven Mitmachen anzuregen. Symbole kennzeichnen diese Aufgaben.

Klapptafeln werden häufig zur interaktiven Informationsvermittlung eingesetzt. Ringmappen (durch Blättern wird die Information sichtbar) und Drehwürfel (mögliche Aufgaben können sein: Zusammendrehen von Pflanzenteilen, Zuordnen von Tierabbildung – Name – Nahrung) sind technisch anspruchsvollere, interaktive Elemente.

Auch Drehtafeln eignen sich für das aktive Einbeziehen der Besucher. Die Art der Drehscheibe, wie sie Abbildung 7.3 zeigt, könnte beispielsweise am Ende eines Waldlehrpfades als Wissensquiz unter dem Motto „Bist du ein Waldmeister?" stehen.

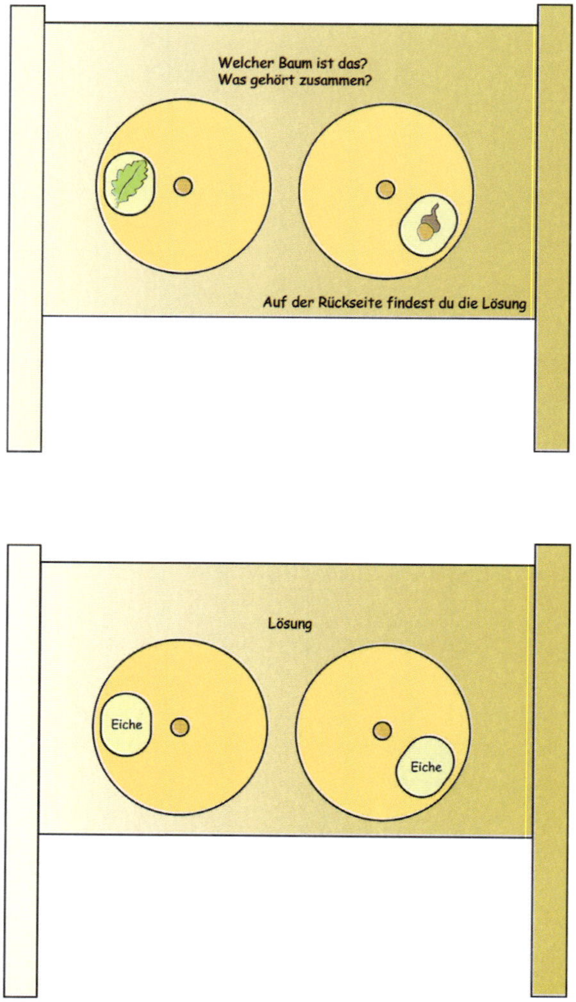

Abb. 7.3: Drehscheibe mit Fragestellung auf der Vorderseite und richtiger Antwort auf der Rückseite als kostenintensivere Variante einer interaktiven Station.

Foto 7.24: Eine Drehtafel erzählt, dass Ameisen ein Vielfaches ihres eigenen Körpergewichtes tragen können; Natur- und Wildpark Buchenberg (Niederösterreich).

Foto 7.25: Gleich neben der Drehtafel kann jeder selber ausprobieren, ob er ebenso stark ist wie eine Ameise – über das Ergebnis wird sich so manch einer wundern! Informationen, die auf diese Art gewonnen werden, bleiben zweifellos länger im Gedächtnis verankert.

Foto 7.26: Auf dieser Tafel müssen die pflanzlichen Bewohner des Waldes anhand der abgebildeten Blätter und Früchte erkannt werden. Naturerlebnisweg Weltkugel (Niederösterreich).

Foto 7.27: Eine andere Art der interaktiven Vermittlung wird am Mitterberger Erzweg (Salzburg) eingesetzt: Die Arbeitsmethoden der Urzeit, die den heutigen entsprechen, sollen richtig zugeordnet werden. Ob die Antwort richtig ist, zeigt die Rückseite der Tafel.

Beispiele für sensorische Stationen

Ähnlich den interaktiven Stationen gilt auch hier, dass die kostensparendste und am einfachsten umsetzbare Variante einer sensorischen Station eine Tafel mit Anregungen zum gezielten Einsatz verschiedener Sinne ist. Aufforderungen zum Riechen an bestimmten Kräutern, Be„greifen“ von Steinen, Barfußgehen über die Wiese, Zeichnen einer Geräuschelandkarte, Durchqueren eines Baches sind hier ebenso möglich wie Anleitungen zu Meditations- oder Gesundheitsübungen. Verschiedene Symbole können helfen, die Aufgaben zu illustrieren (siehe Abbildung 7.4).

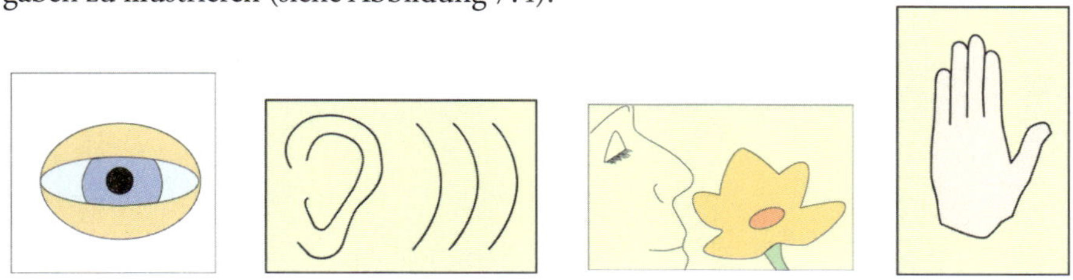

Abb. 7.4: Symbole „Schau mal“, „Hör mal“, „Riech mal“, „Fühl mal“ für einfache sensorische Stationen.

Foto 7.28: Hör mal! Das übergroße Ohr am Naturerlebnisweg Bockkluft (Salzburg) fördert den akustischen Sinn und unterstützt beim „In die Landschaft hören“.

Foto 7.29: Öffne Deine Sinne und eratme…! Die Tafel fordert zur sensorischen Wahrnehmung der Landschaft auf. 3-Seen-Rundweg Turracher Höhe (Kärnten).

Sensorische Stationen sind zum Beispiel:

- Lauschinsel: Durch übergroße Holztrichter werden die Geräusche der Umgebung verstärkt;
- Duftbäume oder -kästen: Auf Knopfdruck entströmen verschiedene Gerüche;
- Holz- und Steinxylofone: Durch Anschlagen von verschiedenen Holz- oder Steinarten wird der unterschiedliche Klang verdeutlicht;
- Tastboxen: Verschiedenste Materialien müssen blind ertastet werden;
- Akustische Elemente: Auf Knopfdruck können verschiedene Tierstimmen abgerufen werden.

Auch für den gezielten Einsatz des optischen Sinnes wurden Installationen entwickelt. Fernrohre lenken den Blick auf landschaftliche Besonderheiten, beim „Blick durch das Fenster“ oder durch eine Plexiglasscheibe in einer Hängebrücke lassen sich ungewohnte Blickperspektiven erzielen und neue Eindrücke gewinnen (siehe Abbildungen 7.5 und 7.6).

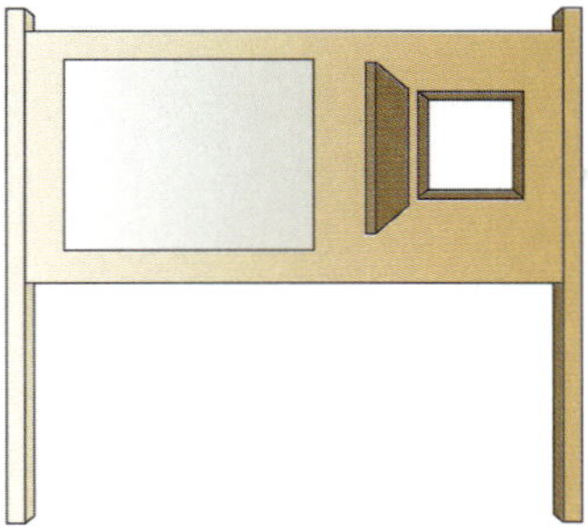

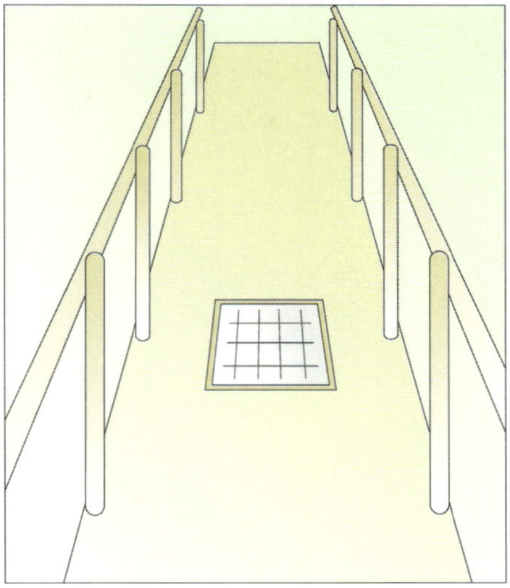

Abb. 7.5: „Blick durchs Fenster“

Abb. 7.6: „Blick durch eine Brücke“

Foto 7.30: Spiele! Sehr häufig eingesetzt wird mittlerweile das Holzxylofon, an dem die unterschiedlichen Klänge der einzelnen Holzarten demonstriert werden. Waldlehrpfad Grüne Au (Steiermark).

Foto 7.31: Musik nach Noten mit Kuhglocken. Diese unterhaltsame Station am Erlebnisweg „Auf die Alm“ (Salzburg) fordert aktives Musizieren statt aktives Hören.

Foto 7.32: Immer der Nase nach heißt es bei dieser Station am Weg der Sinne in Tirol. Im angrenzenden Kräutergarten wurden typische geruchsintensive Kräuter und Gehölze der Virgener Feldfluren gepflanzt. Reibeklappen und eine Presse helfen beim Zerreiben der Proben, damit die verschiedenen Düfte ganz intensiv wahrgenommen werden können.

7.6 Der Weg des Pfades

7.6.1 Der richtige Weg

Der Weg des Lehrpfades hat die Funktion, die einzelnen Stationen miteinander zu verbinden. Es fällt ihm aber auch die Aufgabe zu, Landschafts- und Erholungserlebnisse zu vermitteln und die Besucher zu den kulturellen, natürlichen und kulinarischen Besonderheiten des Ortes zu führen.

Bei der Planung eines Lehrpfads stellt sich die Frage, ob ein bereits bestehender Weg genutzt werden kann oder ein neuer Weg gebaut werden muss. Aus finanziellen und ökologischen Gründen sollte auf ein bestehendes Wegenetz zurückgegriffen werden. Allerdings sind viele Wege in der Landschaft angelegt worden, um den Bedürfnissen der Forst- und Landwirtschaft zu genügen (Janowsky & Becker 2003). Kennzeichnend für diese Wege sind geradlinige Wegeführung, grobe Schotterung, wenige Ausblicke in die Landschaft und reger Verkehr mit landwirtschaftlichen Fahrzeugen. Damit werden nicht immer die Bedürfnisse von Wanderern und Besuchern von Lehrpfaden gedeckt. Ist der projektierte Lehrpfadweg bereits sehr stark besucht oder von Mountainbikern und Reitern oder gar von Fahrzeugen stark genutzt, so sollte ein neuer Weg für den Lehrpfad gebaut werden.

Foto 7.33: Das Landschaftserlebnis ist ein wichtiger Bestandteil eines Lehrpfadbesuchs. Daher kommt der Wegeführung eine enorme Bedeutung zu. Mitterberger Erzweg (Salzburg).

Foto 7.34: Optimale Wegeführung und Standorte der Stationen sind wichtige Elemente der Erlebnisgestaltung. Naturlehrpfad Windebensee (Kärnten).

Betreiber von Lehrpfaden im städtischen Nahbereich sind mit gänzlich anderen Bedingungen konfrontiert als Betreiber in ländlichen Regionen. Städtische Wege sind charakterisiert durch permanent hohe Besucherzahlen, verschiedenste Nutzergruppen hinsichtlich Aktivitäten und Motivationen und darauf basierend auch durch eine erhöhte Wahrscheinlichkeit von Nutzerkonflikten (Arnberger & Haider 2005). Daher muss der Weg eines städtischen Lehrpfades viel aufnahmefähiger gestaltet werden als jener in einer entlegenen Region. Dies bedeutet die Anlage von breiten Wegen, den Einsatz von widerstandsfähigen Wegebelägen, eine Ausstattung mit einer hohen Anzahl an begleitender Infrastruktur und damit auch einen erhöhten Pflegeaufwand.

Ein wichtiger Punkt stellt in diesem Zusammenhang auch das Vermeiden von Nutzerkonflikten am Lehrpfadweg dar. Bestimmte Gruppen sollten von einer Nutzung ausgeschlossen sein. Motorradfahrer, Radfahrer, Mountainbiker und Reiter bedeuten für viele Fußgänger eine Gefährdung (Cessford 2003, Graefe et al. 1984, Roggenbuck et al. 1993). Nicht an der Leine geführte Hunde und lärmende Besuchergruppen reduzieren die Erlebnisqualität an einem Lehrpfad. Neben Verbotsschildern können durch konstruktive Elemente wie Eingangsbarrieren, Wahl des Wegebelags und durch den Einbau von Treppen bestimmte Nutzergruppen direkt oder indirekt von einer Wegnutzung ausgeschlossen und durch Kontrollen und Aufklärungsarbeit unerwünschtes Besucherverhalten unterbunden werden.

Foto 7.35: Mit Hinweisschildern wird auf unerwünschtes Verhalten der Lehrpfadbesucher aufmerksam gemacht.

Lehrpfade, die Weiden wie Almen queren, sollten mit selbst schließenden Gattern versehen sein, da Wanderer oft vergessen, die Weidegatter wieder zu verriegeln. Immer wieder werden Wanderer von Kühen attackiert, insbesondere wenn sie ihre Hunde nicht an der Leine haben oder sie sich zwischen Mutterkuh und Kalb drängen. Wanderer sollten daher vor dem Betreten einer Alm über das richtige Verhalten informiert werden (Arnberger et al. 2005b).

Ein Kriterium bei der Festlegung der Streckenlänge ist das Zielpublikum. Für Lehrpfade, die Familien mit Kindern oder ältere Personen ansprechen, müssen kürzere Wege mit geringeren Steigungen zur Verfügung stehen als für Lehrpfade, die für Wanderer gedacht sind. Ganz entscheidend für die Länge eines Weges ist die Anzahl der zurückzulegenden Höhenmeter: je größer der Höhenunterschied, desto kürzer die Weglänge.

Als ideale Länge hat sich eine Strecke zwischen zwei bis vier Kilometern erwiesen. Für Lehrpfade im Berggebiet empfiehlt Erdmann (1975) eine maximale Weglänge von 3 km. Besucher, die hinsichtlich ihrer präferierten Weglänge befragt wurden, gaben an, etwa eine Stunde für einen Lehrpfadbesuch aufwenden zu wollen (Bolz 1999), was die oben genannte Streckenlänge in etwa bestätigt.

Die Weglänge wird auch dadurch bestimmt, ob der Lehrpfad als Rund- oder als Zielweg geführt wird. Bei Rundwegen wird den Besuchern am gesamten Weg etwas Neues

Foto 7.36: Um die ökologisch sensiblen Bereiche zu schützen, werden die Besucher im Piller Moor (Tirol) über Stege geführt.

geboten und sie ersparen sich den Rückweg entlang der bereits bekannten Stationen. Sind Lehrpfade als Zielwege angelegt, dann sollten Sie daran denken, dass die Besucher wieder an den Ausgangspunkt zurückgehen müssen, um zu ihrem Auto zu gelangen. Zwei Lehrpfade, die als Zielweg angelegt sind, können kombiniert und damit zu einem Rundweg zusammengeschlossen werden. Diese Variante ist bei den Lehrpfaden „Von Fischen und Fischern" und „Wasser und Land" in Weissensee in Kärnten möglich.

7.6.2 Innere Erholungsinfrastruktur

Tafeln oder interaktive Stationen alleine ergeben noch keinen vollständigen Lehrpfad. Neben dem Verbindungsweg zwischen den einzelnen Stationen sind weitere infrastrukturelle Ausstattungen entlang des Pfads notwendig. Die Menge bzw. das Design der inneren Erholungsinfrastruktur richtet sich dabei nach dem Umfeld, den zu erwartenden Besuchermengen und den Ansprüchen der Zielgruppen, dem Corporate Design des Lehrpfades und natürlich nach den zur Verfügung stehenden finanziellen und personellen Ressourcen. Die Nutzung bereits bestehender Erholungseinrichtungen sollte bei der Standortsuche unbedingt in Betracht gezogen werden. Allein die Errichtung eines kleinen Kinderspielplatzes

Foto 7.37: Lehrpfadthema und Erholungsinfrastruktur in einem. Schaukelweg Helfenberg (Oberösterreich).

Foto 7.38: Ein Aussichtsturm ermöglicht weite Aus- und Einblicke in die umgebende Landschaft. Schilflehrpfad in Purbach (Burgenland).

Foto 7.39: Eine Laube im Weingarten am St. Laurent Weinwanderweg in Tattendorf (Niederösterreich) lädt zum Verweilen ein.

kann mit mehreren tausend Euro zu Buche schlagen. Im städtischen oder stadtnahen Bereich fällt aufgrund der höheren Besucherbelastung der Bedarf für eine innere Erholungsinfrastruktur bei weitem höher aus als in entlegenen Gebieten.

Multifunktional nutzbar sollten vor allem die größeren Erholungseinrichtungen sein. Zum Beispiel können in Unterständen oder Aussichtstürmen kleinere Ausstellungen, Verkaufsstellen oder Werbeflächen integriert werden. Unterstände mit Sitzmöglichkeiten bieten sich bei längeren Wegen an. Spielgeräte und Spielplätze sind wichtige Einrichtungen für Lehrpfade, die Familien als Zielgruppe ansprechen. Allerdings kann ein Großteil der Spielfreude auch mit interaktiven und sensorischen Stationen befriedigt werden, womit gleichzeitig Inhalte der Umweltbildung transportiert werden können.

7.6.3 Inneres Wegeleitsystem

Ein mangelhaftes inneres Wegeleitsystem ist einer der häufigsten Kritikpunkte an Lehrpfaden. Schon in den ersten Büchern über die Anlage von Lehrpfaden (Ebers et al. 1998, Zimmerli 1980) wird dieses Problem vermerkt. Manche Lehrpfade vermitteln das Gefühl, man befände sich auf einem Orientierungslauf und die Hauptbeschäftigung des Besuchs bestehe darin, die nächste Station zu finden. Gerade an kritischen Punkten wie Kreuzungen fehlen die entsprechenden Orientierungshinweise. Hier empfiehlt es sich, den Weg vor der Eröffnung durch ortsfremde Personen begehen zu lassen, um auf fehlende oder nicht eindeutige Markierungen hingewiesen zu werden. Die Kontrolle und Erneuerung der Wegmarkierungen in regelmäßigen Zeitintervallen darf ebenfalls nicht vergessen werden.

Foto 7.40: Die Wegweiser am Weinweg der Sinne in St. Anna am Aigen (Steiermark) haben einen direkten Bezug zum Thema des Pfades.

Orientierungstafeln und Wegweiser in regelmäßigen Abständen geben den Besuchern die Sicherheit, auf dem richtigen Weg zu sein. Folgen diese dem Corporate Design des Lehrpfades und sind sie mit dem Lehrpfadlogo versehen, so werden sie den Suchenden eher ins Auge fallen. Die Wegweiser eignen sich auch, um auf andere touristische Attraktionen und Besonderheiten im Umfeld wie Gastronomiebetriebe, Museen, Naturphänomene, Wanderwege, Haltestellen des öffentlichen Verkehrs etc. hinzuweisen.

Foto 7.41: Der Eisvogel zeigt den Weg am Vogelkundeweg in Gutau (Oberösterreich).

7.6.4 Äußeres Wegeleitsystem

Auch das äußere Wegeleitsystem ist ein stark vernachlässigter Faktor in der Lehrpfadplanung. Bei den Erhebungen zu diesem Buch haben wir oft verzweifelt einen ganzen Ort durchwandert, um einen Hinweis auf den Pfad zu finden – der Weg zum Pfad war nicht auffindbar. Erkennungswert, Sichtbarkeit und Lesbarkeit der Wegweiser sind ausschlaggebend für ein effektives Wegeleitsystem. Erst kurz vor dem Lehrpfad ein großes Schild anzubringen, ist zu wenig. Rechtzeitig, ausgehend vom nächstliegenden Ort, und sicher sollen die Besucher zu dem Pfad gelenkt werden. Nicht nur Besucher, die mit dem PKW anreisen, brauchen Hinweisschilder, sondern auch jene, die mit dem öffentlichen Verkehr ankommen oder das Rad nutzen. Beispielsweise führen Wegweiser die Besucher des Themenweges Höflein „Mit allen Sinnen genießen“ sicher von der Bahnstation zum Lehrpfad.

Die Gestaltung der Schilder wie auch ihr Anbringungsort müssen auffallen, schließlich konkurrieren sie mit vielen anderen Wegweisern. Gerade in Tourismusgemeinden, wo zahlreiche Schilder auf Unterkünfte, Restaurants, Einrichtungen und Attraktionen hinweisen, drohen die Wegweiser zum Lehrpfad unterzugehen. Wie die Wegweiser des inneren Wegeleitsystems sollten jene des äußeren dem Corporate Design des Lehrpfades folgen und das Lehrpfadlogo enthalten. Bei der Schildergestaltung und vor allem bei deren Anbringen ist den Richtlinien der Straßenverkehrsordnung Folge zu leisten.

Bild 7.42: Ein deutlich erkennbares äußeres Wegeleitsystem bringt die Besucher zum Ausgangspunkt des Planetenweges Himmel auf Erden (Steiermark).

Foto 7.43: Wo geht's zum Lehrpfad? Spannend wird es vor allem deswegen, weil es in diesem Ort zwei Naturlehrpfade gibt, die in entgegengesetzter Richtung liegen.

8. Damit der Pfad erfolgreich bleibt – Pflege, Recht und Marketing

8.1 Pflegemaßnahmen

8.1.1 Der Bedarf nach Pflege- und Adaptionsmaßnahmen

Wer seinen Lehrpfad nicht regelmäßig pflegt, verärgert nicht nur seine Besucher, sondern gefährdet sie überdies. Die Ursachen für Pflege- und Adaptionsmaßnahmen gestalten sich vielfältig und reichen von natürlichen Abnutzungs- und Verwitterungserscheinungen über unabsichtliche oder absichtliche Zerstörungen der Stationen durch die Besucher bis hin zu Gefährdungen für sie aufgrund morscher Bäume. Beschädigungen durch Naturereignisse, Fehlkonstruktionen oder veraltete Informationsinhalte sind weitere Auslöser.

Die Auswahl der Tafelstandorte, ihre Exposition, das eingesetzte Material, die Wegeführung sowie die Art und Menge an Erholungsinfrastruktur bestimmen den Pflegeaufwand von morgen. Gerade interaktive und sensorische Stationen erfordern eine regelmäßige Überprüfung, da bewegliche Teile nachjustiert oder Duftträger erneuert werden müssen. Ein einfaches Austauschen und Reproduzieren beschädigter Teile und Informationsinhalte erleichtern daher den Pflegeeinsatz ebenso wie das schnelle und bequeme Erreichen der Stationen mit einem Fahrzeug.

Frei zugängliche Einrichtungen wie Lehrpfade sind der permanenten Beobachtung ihrer Betreiber entzogen und damit eine bevorzugte Zielscheibe für Vandalenakte. Zu den häufigsten Zerstörungen zählen das Zerkratzen von Tafeln (Patsch, zit. in Szekeres 2003 bezeichnet „das Schweizer Taschenmesser als den natürlichen Feind des Lehrpfads") und Zerbrechen von Plexiglasscheiben, das Umwerfen von Stationen, das Abbrechen beweglicher Teile, Graffitis, aber auch Einschüsse. Regelmäßige Kontrollen und Pflegearbeiten gehören daher zu den Pflichten eines Betreibers. Nicht zuletzt erhöhen der Eindruck eines gut gewarteten Lehrpfades und die Präsenz von Aufsichtspersonal die Hemmschwelle für Vandalismus. Durch eine Dokumentation der Schäden und Pflegemaßnahmen erfassen die Betreiber kritische Wegbereiche, anfällige Stationen, Fehlkonstruktionen und Verschleißerscheinungen. Dies erleichtert das Abschätzen künftiger Kosten, die Auswahl beständigerer Materialien sowie verbesserter Konstruktionen. Gleichzeitig zeigen die Betreiber, dass sie ihrer Sorgfaltspflicht nachkommen, was gerade in Streitfällen eine wichtige Argumentationshilfe sein kann.

Foto 8.1: Wer versteckt sich hier? Ausstellungsstücke, wie dieser unfreiwillig getarnte Dachs, sind regelmäßig freizuschneiden.

Neben den Stationen des Lehrpfades bedürfen auch die zugehörigen Besuchereinrichtungen einer Pflege. Je mehr Infrastruktur zur Verfügung gestellt wird, desto mehr Pflegeaufwand zieht diese logischerweise nach sich. Sind beispielsweise Abfallkörbe entlang des Weges aufgestellt, so muss der ganze Weg regelmäßig abgefahren werden, um diese zu entleeren. Ein größeres Fassungsvermögen reduziert zwar die Entleerungsintervalle, Geruchsbelästigungen könnten aber auftreten. Aufgrund des hohen Aufwandes stellen einige Betreiber überhaupt keine Abfalleimer mehr auf. Entscheiden sich die Betreiber für das Aufstellen einer Toilettenanlage, so ist diese regelmäßig zu reinigen, für das Nachfüllen des Toilettenpapiers zu sorgen, die Senkgrube zu entleeren und sie ist, falls sie nur während des Tages geöffnet sein sollte, in der Früh auf- und am Abend abzuschließen.

Fotos 8.2–8.4: Tafeln ohne Inhalte und Worte werfen ein schlechtes Licht auf Lehrpfade. Beispiele aus Finnland, Japan und Österreich.

Foto 8.5: Die leere Folderbox – eine Situation, die bei vielen Lehrpfaden in Österreich leider zum Alltag gehört. Bereits am Beginn eines Lehrpfadbesuchs werden die Besucher verärgert und die Erlebnisqualität reduziert.

Foto 8.6: Bitte freischneiden!

8.1.2 Arten der Pflegemaßnahmen

Foto 8.7: Auch das regelmäßige Entfernen des Mülls gehört zur Alltagspflege.

Pflegemaßnahmen fallen zu unterschiedlichen Zeitpunkten und Intervallen an: Die permanente Pflege umfasst beispielsweise das regelmäßige Entleeren der Abfalleimer, Säubern der Tafeln, Überprüfen der interaktiven und sensorischen Installationen und Nachfüllen von Begleitbroschüren. Periodische Pflegeeinsätze müssen vorgenommen werden, wenn veraltete Informationsinhalte zu aktualisieren sind oder wenn die Deckschicht eines Weges zu erneuern ist. Akuter Handlungsbedarf ist gegeben, wenn Gefährdungen für die Besucher oder Gefährdungen für den Lehrpfad bestehen (Tabelle 8.1).

Tab. 8.1: Arten von Pflegemaßnahmen.

Art der Pflegemaßnahmen	Ursachen	Beispiele für Pflegemaßnahmen
Permanente Pflege („Alltagspflege")	Verschmutzung, Vegetationsentwicklung, Nutzung durch Besucher	Entleeren von Abfalleimern, Nachfüllen von Begleitbroschüren, Kontrolle der Funktionsfähigkeit von interaktiven und sensorischen Stationen, Säubern der Tafeln von Verschmutzungen, Vegetationsrückschnitte zur Freihaltung der Tafeln, Sichtfelder und des Lichtraumprofils, Reinigen von Toiletten, Nachfüllen von Hygieneartikeln, Bewässerung, Schneeräumung
Periodische Pflege	Natürliche Abnutzungserscheinungen Veraltete Informationsinhalte	Erneuern von Teilen der Stationen und des Holzschutzanstriches, Erneuern der Deckschicht von Wegen, Aktualisieren der Informationsinhalte, Neuauflage von Informationsmaterialien wie Folder, Broschüren, Ergänzen des Wegeleitsystems z. B. aufgrund der Eröffnung eines Gastronomiebetriebes im Umfeld, Abbauen der Tafeln im Winter z .B. im Hochgebirge
Akuter Pflegeeinsatz	Gefährdung für die Besucher durch Vandalismus und Naturereignisse	Entfernen morscher oder umgefallener Bäume entlang des Weges, Wegräumen von Muren, die den Weg versperren, Reparatur von besuchergefährdenden Beschädigungen, Aufstellen von Warnschildern

Irgendwann hat jeder Lehrpfad seine Lebensdauer überschritten, sei es aufgrund mangelnder finanzieller Mittel, zu geringer Nachfrage, veralteter Medien und Inhalte sowie zu geringem Interesse der Betreiber. Auch an diesen „Tag danach" ist zu denken. Das Entsorgen der Stationen und die Nachfolgenutzung des Weges sind daher schon bei der Planung zu berücksichtigen. Ähnlich wie bei den Pflegemaßnahmen gilt auch hier, dass die Menge und die Art der Stationen als auch der Erholungsinfrastruktur die Entsorgungskosten von morgen bestimmen. Die in der Praxis derzeit leider am häufigsten angewendete Entsorgungsstrategie, die Pfade in der Landschaft vor sich hin modern zu lassen, hat lediglich den Effekt, die Lehrpfadidee ins schlechte Licht zu rücken.

8.2 Haftungsrechtliche Aspekte

von Christiane Brandenburg

Zur Erhöhung der Erholungswirkung und des Erholungswertes der Landschaft finden unter anderem Lehrpfade als Gestaltungsmaßnahmen Eingang in die Gesetzgebung.

1971 wird in Österreich der Wald erstmals gesetzlich als Erholungsraum anerkannt. Das Gesetz zur Verbesserung der Schutz- und Erholungswirkungen des Waldes (BGBl 1971/371) stellt Förderungsmittel zur Verbesserung der Erholungswirkung zur Verfügung. Als Maßnahmen im Interesse der Erholung nennt das Gesetz unter anderem Eingriffe in den Waldbestand (z. B. Auflichtungen, Sichtschneisen, Offenhalten von Freiflächen), die betriebswirtschaftlich nicht erforderlich wären und zusätzliche Kosten oder verminderte Erträge hervorrufen, sowie die Errichtung und Erhaltung von erholungswirksamen Anlagen wie Waldwege, Waldlehrpfade, Waldparkplätze, Rastplätze, Spielstätten und auch die Übernahme von Schadens- und Haftungsrisiken, die dem Grundeigentümer aus der Begehung des Waldes zu Erholungszwecken erwachsen. Doch ist die Genehmigung der Errichtung von Gestaltungseinrichtungen und die Erlassung von Ausnahmen zu behördlichen Betretungsverboten nur auf Antrag oder mit Zustimmung des Waldeigentümers zulässig, die jederzeit zurückgezogen werden können (Forstgesetz 1975, BGBI 1975/444 idF 1996/419, § 36 Abs 7).

In etlichen Fällen handelt es sich bei Lehrpfaden um bewilligungsfreie Anlagen, darunter fallen Balanciersteige, Barfußwege, Duftpfade, Spielplätze etc. Jedoch unterliegen bestimmte Anlagen je nach Art, Größe und Ausgestaltung dem bundesländerweise unterschiedlich ausgestalteten Baurecht und sind somit anzeigepflichtig. In diesem Zusammenhang sind Informationseinrichtungen wie Tafeln und Schaukästen zu nennen, die zum Beispiel nach dem Baugesetz der Steiermark (§ 20 Z 3 lit a Stmk BauG) anzeigepflichtig sind.

Der Betreiber einer Erholungsanlage (Gemeinde, Verein, Privatperson etc.) ist derjenige, der die Kosten der Errichtung und Erhaltung trägt und über sie Verfügungsmacht hat, er muss aber nicht zwangsläufig der Eigentümer sein. Der Betreiber von Erholungsanlagen und -geräten ist verantwortlich für die fachgerechte Aufstellung geeigneter Geräte und für deren regelmäßige Prüfung, Wartung und Instandhaltung, um einen ordnungsgemäßen aktuellen Zustand gewährleisten zu können. Verpflichtend ist aber keine tägliche, sondern nur eine periodische Überprüfung sowie nach Schließung einer Anlage die Beseitigung von Gefahrenquellen.

Prinzipiell sei erwähnt, dass Warntafeln notwendige Sicherheitsmaßnahmen nicht ersetzen! Wird z. B. durch einen mangelhaften Wegzustand ein Wanderer verletzt, ist der Wegehalter schadenersatzpflichtig, wenn eine grob fahrlässige oder gar vorsätzliche Vernachlässigung seiner Pflichten vorliegt. Grobe Fahrlässigkeit bedeutet eine ungewöhnliche und auffallende Vernachlässigung der Sorgfaltspflicht und dass der Eintritt des Schadens als wahrscheinlich und nicht bloß als möglich vorhersehbar ist.

Im Folgenden einige Anmerkungen zum Pfad selbst. Juristisch gesehen ist ein Weg eine Landfläche, die von jeder Person unter den gleichen Bedingungen für eine bestimmte Fortbewegungsart, zum Beispiel Wandern, benutzt werden kann. Zu einem Weg gehören auch die in seinem Verlauf befindlichen und dem Verkehr dienenden Anlagen, zum Beispiel Brücken, Stützmauern, Futtermauern, Durchlässe, Gräben und Pflanzungen.

Jeder, der einen Verkehr eröffnet (zum Beispiel auch auf Lehrpfaden), muss die Verkehrsteilnehmer im Rahmen des Zumutbaren schützen und vor Gefahren warnen. Darüber hinaus hat jeder, der eine Gefahrenquelle schafft oder in seinem Bereich bestehen lässt, dafür zu sorgen, dass sie niemanden schädigt.

Für Wege aller Art von Autobahnen bis zu Klettersteigen im Hochgebirge gilt eine Wegehalterhaftung und dies inkludiert selbstverständlich auch einen Lehrpfad.

Es besteht jedoch ein Wegehalter-Haftungsprivileg. Dieses besagt, dass keine Haftung für leichte Fahrlässigkeit vorliegt. Das Wegehalter-Haftungsprivileg gilt aber nicht, wenn vertragliche Beziehungen zwischen Wegehalter und Wegebenützern bestehen. Eine vertragliche Beziehung liegt dann vor, wenn zum Beispiel für die Benützung eines Lehrpfades ein Benützungsentgelt verlangt wird. Der Halter des Weges haftet ebenfalls nicht, wenn der Schaden bei einer unerlaubten oder widmungswidrigen Benützung des Weges entstanden ist. Die Unerlaubtheit muss dem Benützer entweder nach der Art des Weges oder durch entsprechende Verbotszeichen oder eine Absperrung des Weges erkennbar gemacht werden.

Grundsätzlich setzt die Wegehaftung voraus, dass sich der Weg in einem mangelhaften Zustand befunden hat. Der Zustand eines Weges wird bestimmt durch die Art des Weges, die die zu erwartende Benützung bestimmt, die Lage des Weges (ob sich der Weg in der Ebene oder etwa im Gebirge befindet) und nach den durch die Jahreszeit bedingten Witterungsverhältnissen. So entfällt zum Beispiel nach dem Landesstraßenrecht ein allgemeiner Winterdienst (Schneeräumung und Streuung) auf Wanderwegen und auch Lehrpfaden in der freien Landschaft.

Unter Berücksichtigung der Zumutbarkeit – Zumutbarkeit ist zum Beispiel durch die Lage eines Weges begründet, so gelten für alpine und hochalpine Wege Haftungseinschränkungen, da im Gebirge eine ständige Überwachung und Instandhaltung nicht verlangt werden kann – setzen sich die Verpflichtungen der verantwortlichen Wanderwegehalter zusammen aus der:

- Sicherung durch Kennzeichnung bei Hindernissen,
- Sicherung durch Absperrung bei nicht beherrschbarer Gefahr,
- Sicherung durch Beseitigungsmaßnahmen etwa bei Naturgewalten,
- Sicherung durch Warnzeichen, wenn die Gefahrenquelle nicht gleich oder überhaupt nicht beseitigt werden kann, wobei die Gefahr durch eigenes Verhalten des Wanderers beherrschbar sein muss.

Bei der Aufstellung von Spielgeräten, Fitnessparcours, interaktiven Lehrpfadstationen etc. ist die Verkehrssicherungspflicht zu berücksichtigen. Der Betreiber ist verantwortlich für eine fachgerechte Aufstellung geeigneter Geräte (samt den eventuell dazugehörigen Fallschutzböden) und für die regelmäßige Prüfung, Wartung und Instandhaltung, um einen ordnungsgemäßen aktuellen Zustand gewährleisten zu können. Vorgeschrieben werden zum Beispiel Mindestabstände zwischen den Geräten, Fallhöhen von Spielgeräten, Bodenbeläge, die Oberflächenbeschaffenheit und anderes mehr.

Für Standardgeräte finden sich Vorgaben für die Errichtung, für notwendige Freiräume und Sicherheitsbereiche sowie für die Wartung in den entsprechenden Normen. Sie sind Zusammenfassungen üblicher Sorgfaltsanforderungen, gelten aber nicht in der gleichen Verbindlichkeit wie etwa Gesetze. Normen konkretisieren die richtige Vorgangsweise im Zusammenhang mit der Errichtung und Erhaltung von Erholungsanlagen wie zum Beispiel einem Kinderspielplatz (ÖNORM B 2607 für die Planung von Spielplätzen). Es kommt ihnen bei einem allfälligen Gerichtsverfahren eine wesentliche Bedeutung für die Ermittlung der objektiven Sorgfaltswidrigkeit und damit als Beurteilungsmaßstab für fahrlässiges Handeln zu. Wo keine Normen existieren, müssen Erholungsgeräte ganz allgemein dem zu erwartenden Bewegungsablauf entsprechen. Auch das Umfeld von Geräten (Freiräume, Zäune usw.) ist mit einzubeziehen. So hat der OGH (29.01.2002, 5 Ob 3/02f) zum Beispiel entschieden, dass auf einer Wiese neben einem Kinderspielplatz für Bodenvertiefungen und Erdrisse gehaftet wird, wenn diese zumindest so groß und tief genug sind, um einen Kinderfuß aufzunehmen, und so bei einem Sturz durch die auftretenden Hebelkräfte zum Knochenbruch führen.

Werden Führungen angeboten, sind Personen, die Führungen durchführen, im juristischen Sinn als „Sachverständige" anzusehen. Diesem legt das Gesetz (§ 1299 ABGB) eine Garantiehaftung auf, unabhängig von einer Entgeltlichkeit. Die Haftung bedeutet, dass jede Person, die diese Tätigkeit ausübt, dafür verantwortlich ist, dass sie über die nötigen Fähigkeiten verfügt. Der Person obliegt außerdem eine Warnpflicht. Gäste besonderer Einrichtungen sind nach den für bestimmte Aktivitäten nötigen Kenntnissen und/oder Berechtigungen zu befragen. Auch sind Hinweise zu tätigen, dass jemand für bestimmte Aktivitäten nicht geeignet oder nicht richtig ausgerüstet ist.

Alle oben getätigten Aussagen wurden den folgenden Veröffentlichungen entnommen:
Stock, W. (o.D): Rechtsfragen des Wanderns.
Stock, W. (o.D): Erholung und Recht.
BMLFUW (2005): Urlaub am Bauernhof, Rechtliche Aspekte, Wien.
Podlipnig, C., Stock, W. (2000): Wegefreiheit im Wald, Informationen zur Umweltpolitik, 131, Bundeskammer für Arbeiter und Angestellte, Wien.
Hinteregger, M. (2005): Trendsportarten und Wegefreiheit, Verlag Österreich, Wien.

8.3 Marketing und Öffentlichkeitsarbeit

8.3.1 Ziele des Marketings

Die dynamische Entwicklung der letzten Jahre bei der Errichtung von Lehrpfaden führte zu einem fast unüberschaubaren Angebot. Gerade bei der inflationären Anzahl an Lehrpfaden und dem relativ kleinen touristischen Angebot, welches Lehrpfade naturgemäß darstellen, bedarf es einiger Anstrengungen, um in der Öffentlichkeit wahrgenommen zu werden. Was bringt schließlich der perfekte Pfad, wenn ihn keiner kennt. Professionelles Marketing – Marketing ist eigentlich ein Überbegriff (Baumgarth & Bernecker 1999, Dultzig 1999) – ist für die Betreiber daher die Chance, ihren Lehrpfad am Markt zu positionieren, seinen Bekanntheitsgrad und letztendlich die Besucherzahlen zu erhöhen (vgl. Kinnebrock 1999).

Marketingmaßnahmen nach dem Gießkannensystem bringen wenig. Inserate beispielsweise über einen Lehrpfad zum Thema Astronomie in Zeitschriften über Angeln werden nur zu einer geringen Resonanz führen, können aber, wenn es sich um einen Fischerlebnispfad handelt, genau den erwünschten Adressatenkreis ansprechen. Soll der Lehrpfad Touristen in eine Region bringen, sind Berichte, die ausschließliche in lokalen Medien erscheinen, nicht zielführend. Dafür sind nationale und internationale Marketinginstrumente erforderlich. Werbung im fremdsprachigen Ausland wiederum macht nur dann Sinn, wenn der Lehrpfad auch mehrsprachig ist. Vor dem Setzen von Werbemaßnahmen steht folglich das Einholen von Informationen über die Zielgruppe, deren Wünsche, Erwartungshaltungen und Verhaltensweisen. Diese Analyse beantwortet die Frage, wann, wo und mit welchen Marketinginstrumenten die Zielgruppe am besten zu erreichen ist.

Neben einem Marketing können sich Lehrpfadbetreiber auch des Demarketings, sei es in Form hoher Eintrittspreise oder dem Einstellen von Werbemaßnahmen, bedienen (Beeton & Benfield 2002), um die Besucherzahlen zu reduzieren oder um nur ein ausgewähltes Publikum auf ihrem zu Lehrpfad haben. Vor Beginn der Werbemaßnahmen sollte man sich daher die folgenden Fragen stellen:

- Mit welchem Marketinginstrument wird die Zielgruppe wie oft erreicht?
- Wie schnell wirkt welche Marketingstrategie? Mit welchen Werbemitteln und wie oft muss Werbung gemacht werden, damit der Lehrpfad in den Köpfen der Zielgruppe hängen bleibt? Welches Marketing-Mix bringt am meisten?
- Welche Inhalte sollen über das Marketing vermittelt werden, was sind die Alleinstellungsmerkmale des Lehrpfades? Welches Image soll aufgebaut werden? Soll das Marketing offensiv, provokativ, defensiv oder unterschwellig sein?
- Wer soll das Marketing durchführen? Welche Partner können hilfreich sein? Welche Kosten entstehen durch welche Werbemaßnahme? Wie viel Arbeitsaufwand bedeutet eine bestimmte Marketingstrategie für den Betreiber?

Ein Lehrpfad ist selten das touristische Alleinangebot einer Region, sondern stellt fast immer nur einen Mosaikstein im Gesamtangebot dar. Für jeden Lehrpfadbetreiber ist es daher zweckmäßig, sich bei der Themen- und Zielgruppenwahl auch an der touristischen Ausrichtung der Region zu orientieren. Passt der Lehrpfad in das touristische Gesamtkonzept, dann kann er in die Marketingschiene der Region integriert werden, womit sich Synergieeffekte sowohl für die Betreiber als auch für den regionalen Tourismus ergeben. Gleichzeitig können marktfähige Gesamtangebote mit einer umfassenden Dienstleistungskette offeriert werden. Die Werbewirkung lässt sich durch Kooperationen mit Anbietern und Institutionen aus dem Naturschutz und der Land- und Forstwirtschaft, Bildungseinrichtungen, Vereinen und Regionalverbänden multiplizieren. Mit diesen Partnerschaften eröffnen sich kostengünstige Distributionskanäle (Siegrist 2003).

Der Baumkronenweg in Kopfing – Ein Besuchermagnet

Der Erfolg des Baumkronenweges ist erstaunlich und hat selbst die Erwartungen der Betreiber bei weitem übertroffen. Anstelle der geplanten 30.000 Besucher pro Jahr kamen im ersten Jahr über 150.000 Wipfelstürmer. Der Baumkronenweg ist hinsichtlich seiner Inszenierung einzigartig in Österreich – nicht aber in Europa. Doch das allein war wohl nicht ausschlaggebend. Unternehmerischer Geist des Initiators und ein gutes Netzwerk, eine informative Webseite, permanente Präsenz in den Medien und viel Informationsmaterial haben ebenso zu diesem Erfolg beigetragen wie die Zusammenarbeit mit dem Regionalmanagement und dem Land. Die Anwesenheit politischer Prominenz zur Feier des 100.000. Besuchers, Schulwettbewerbe zur Namensfindung für Stationen und Kooperationen mit Firmen multiplizieren die Werbewirkung – schließlich gibt es immer etwas Neues vom Baumkronenweg zu berichten. Die Vermarktung beschränkt sich nicht nur auf Österreich, sondern schließt die Nachbarländer und künftig die neuen EU-Länder mit ein.
Quellen: Weiß (2005), Presseberichte

Ein wichtiger Baustein im Marketing ist auch der Titel des Lehrpfades. Verheißungsvoll sollte er sein und Erlebnisse versprechen, um aus der Masse herauszuragen. Ein „Spaziergang durchs All" macht einfach neugieriger als ein „Astronomie-Lehrpfad". Eine wohl eher theoretische Strategie, um die wahrnehmbare Angebotsgröße hinsichtlich Betrieb und Vermarktung zu erhöhen, läge auch darin, das eigene Angebot auszubauen. Durch den Betrieb eines eigenen Gasthauses und Hotels, Freilichtmuseums, Informationszentrums, Forscherhauses oder Seminarzentrums etc. wird der Lehrpfad zum buchbaren Angebot.

Eine Grundvoraussetzung für jeden erfolgreichen Lehrpfad ist die Identifikation der Lehrpfadbetreibenden mit ihrem Pfad. Die Angestellten in regionalen und lokalen Tourismusbüros müssen die vorhandenen Lehrpfade unbedingt kennen, um Auskunftssuchende ausreichend informieren zu können. Obwohl eigentlich eine Selbstverständlichkeit, besteht hier in Österreich noch großer Nachholbedarf. Erfahrungen, die im Rahmen der Vor-Ort-Erhebungen für dieses Buch häufiger gemacht wurden, haben gezeigt, dass Mitarbeiter örtlicher Tourismusbüros häufig den Ausgangspunkt eines im Ort vorhandenen

Lehrpfades nicht kannten oder nicht einmal von dessen Existenz wussten. Selbst dann, wenn im Internet oder auf der Eingangstafel die Gemeinde oder der Tourismusverein als verantwortliche Stelle angeführt war. Interessanterweise vertraten manche Mitarbeiter sogar die Meinung, eine Werbung für den Pfad sollte unterlassen werden, denn sonst würden ja Besucher kommen!

8.3.2 Marketinginstrumente

Das wirksamste und wohl auch am häufigsten angewendete Marketinginstrument ist die Mund-zu-Mund-Propaganda (Megerle 2003, Siegrist et al. 2002, Wiener 2003). Dieses eigentlich äußerst billige, aber effektive „Marketinginstrument" setzt nur eines voraus: den zufriedenen Besucher. Voraussetzung dafür ist wiederum schlicht und einfach ein gelungener Lehrpfad. Auf dieses Marketinginstrument sollten daher alle Lehrpfadbetreiber setzen, zumal anzunehmen ist, dass die Mund-zu-Mund-Werbung auch in Zukunft das mit Abstand wichtigste Werbemittel für Lehrpfade sein wird. So zeigten Hughes und Morrison-Saunders (2002), dass wiederholte Besucher eines Baumkronenweges in Australien zu knapp 80 % deswegen den Pfad nochmals aufsuchten, um ihn Freunden oder Verwandten zu zeigen. Sie müssen daher mit ihrem ersten Besuch recht zufrieden gewesen sein.

Informationsmaterialien wie Folder oder Broschüren erhöhen den Bekanntheitsgrad des Lehrpfades. Ihr Vorteil liegt in ihrer großen Breitenwirkung, geringen Stückkosten und dass die Zielgruppe sie als Erinnerung mit nach Hause nehmen kann. Gestaltung und Inhalte des Informationsmaterials richten sich dabei immer nach dem Zielpublikum und dem Corporate Design des Lehrpfades. Besonders betont gehört das Alleinstellungsmerkmal (Megerle 2003, Szekeres 2003). Das Informationsmaterial wird bei allen touristischen

Foto 8.8: Folder, Broschüren und Erwähnungen in Büchern erhöhen den Bekanntheitsgrad.

Foto 8.9: Die Eröffnung des Kelten.Baum.Weges (Oberösterreich) wurde unter Teilnahme des ORF im Rahmen eines großen Keltenfestes medienwirksam inszeniert.

Hotspots der Region aufgelegt und zusätzlich an jene touristischen Anbieter verteilt, die die Zielgruppen ansprechen. Plakate oder Werbetafeln sind Medien, die an zentralen Orten des Tourismus oder an Verkehrswegen zum Einsatz kommen. Bekannte Persönlichkeiten könnten dabei als Werbeträger eingesetzt werden (Diepolder 2000). Erwähnungen in Wanderführern und Themenwegkatalogen steigern ebenfalls den Bekanntheitsgrad.

Eine eigene Lehrpfadwebseite und deren Verlinkung zu Webseiten regionaler und (inter)nationaler touristischer Anbieter, Bildungs- und Naturschutzinstitutionen und Vereine ist ein permanent präsentes, breitenwirksames und zukunftsträchtiges Marketinginstrument (Flink et al. 2001, Siegrist et al. 2002). Auf allen Informationsmaterialien des Lehrpfades sollte daher die Adresse der Webseite angeführt sein. Die Webseite bietet den Besuchern nicht nur die Möglichkeit, sich über den Lehrpfad und sein Angebot zu informieren. Ausgestattet mit Übersichtsplänen und Anfahrtsbeschreibungen, aber auch mit Rätseln oder Quizbögen und einer Kummerseite wird die Lehrpfadwebseite zu einem interaktiven Instrument zwischen Lehrpfadbetreiber und Lehrpfadbesucher. Vorausgesetzt, die Webseite wird regelmäßig gewartet. Mit dem Lehrpfadportal (http://lehrpfade.lebensministerium.at) hat das Lebensministerium eine Plattform eingerichtet, auf der Lehrpfadbetreiber kostenlos ihre Lehrpfade vorstellen können.

Touristiker betonen immer wieder die große Bedeutung von Inseraten und Berichten in Printmedien wie Zeitungen und Zeitschriften hinsichtlich ihres Werbeeffekts (Siegrist et al. 2002). Pressemitteilungen müssen kurz, aber prägnant formuliert sein und bereits einige Tage vor einer Veranstaltung an mehrere Zeitungen gesendet werden. Idealerweise steht im Zentrum der Pressemitteilung etwas „Neues und Erfolgreiches“, z. B. die Eröffnungsveranstaltung mit prominenten Festrednern, der 10.000ste Besucher, die Erweiterung des Lehrpfades mit neuen Stationen etc. Die Pressemitteilung sollte an jene Journalisten gehen, die sich für das Thema interessieren. Daher sind gute Kontakte zu Journalisten hilfreich. Beigelegte Fotos, Kontaktadressen, Hinweise auf die Webseite und telefonisches Nachfragen erhöhen die Aussichten auf die Veröffentlichung des Berichts wie auch die Möglichkeit, dass ein Reporter zu einer Lehrpfadveranstaltung kommt (Flink et al. 2001, Kammerzelt 2000). Eine kontinuierliche Medienarbeit vergrößert dabei die Chancen auf eine umfassende Berichterstattung nicht nur in lokalen, sondern auch in überregionalen und nationalen Medien (Flink et al. 2001).

Offensive und breit gestreute Werbung mittels Anzeigen in internationalen Zeitungen, im Radio oder im Fernsehen ist nur dann umsetzbar, wenn ein genügend großer finanzieller Spielraum vorhanden ist und es auch Sinn macht, ein (inter)nationales Publikum anzusprechen. Der Zusammenschluss von Lehrpfadbetreibern einer gesamten Region kann hier hilfreich sein. Prinzipiell sind aber diese kostenintensiven Werbestrategien für einen Lehrpfad eher ungeeignet.

8.3.3 Phasen des Marketings

Betreiber von Lehrpfaden können nicht früh genug mit dem Marketing anfangen. Dazu eröffnet sich während der „Lebenszeit“ eines Lehrpfades eine Fülle an Möglichkeiten (Tabelle 8.2). Schon während der Planungs- und Errichtungsphase können erste Maßnahmen gesetzt werden. Vor allem die Eröffnung eines Lehrpfades eignet sich für einen medienwirksamen Auftritt mit großer Breitenwirkung und bietet die Möglichkeit, einzelne Werbemaßnahmen zu vernetzen. So kann bei der Eröffnungsrede auf die Webseite des Lehrpfades und Folgeveranstaltungen hingewiesen werden. Mit dem Austeilen von Foldern während der Feier, auf denen auch die Webseitenadresse enthalten ist, nehmen die Besucher eine Erinnerung an den Lehrpfad mit nach Hause.

Doch auch während der Betriebsphase können einmalige oder permanent wirkende Werbeaktionen durchgeführt werden. Marketingmaßnahmen sorgen für eine Integration in die Region und die Bindung von vielen Bevölkerungsschichten und Entscheidungsträgern an den Lehrpfad und sichern somit langfristig seine Existenz.

Auch beim Marketing ist das zeitliche Ende eines Lehrpfades zu berücksichtigen, falls sich die Betreiber nicht mehr imstande sehen, den Lehrpfad weiterzuführen. Dann müssen alle Werbemaßnahmen eingestellt, die Folder eingezogen und Hinweise, beispielsweise auf der Webseite des Lehrpfades, angebracht werden, dass es den Lehrpfad nicht mehr gibt.

Ohne eine Erfolgskontrolle ist das Marketing jedoch nur eine halbe Sache. Erst sie zeigt, ob mit den Werbemaßnahmen die definierten Ziele erreicht werden konnten, ob die Zielgruppe angesprochen wurde und ob die Anzahl an Gästen im Ort gestiegen ist.

Tab. 8.2: Phasen des Marketings (verändert und ergänzt nach Flink et al. 2001).

Phasen	Motivationen für Marketingmaßnahmen	Beispiele für Marketinginstrumente
Planungs- und Errichtungsphase des Lehrpfades	▪ Gewinnen einer breiten öffentlichen Unterstützung ▪ Auftreiben zusätzlicher Finanzmittel zur Vollendung des Lehrpfades ▪ Binden von Gemeinden, Entscheidungsträgern und lokaler Bevölkerung an den Pfad ▪ Wecken der Neugier bei potenziellen Besuchern	▪ Regelmäßige Berichte in Medien über Planungs- und Baufortschritte ▪ Initiieren von Wettbewerben zur Namensfindung oder zur Entwicklung eines Logos für den Lehrpfad ▪ Abhalten eines freiwilligen Arbeitstages unter Einbeziehung der örtlichen Bevölkerung oder von ansässigen Vereinen ▪ Einladen von Pressevertretern und Politikern zur Vorabbesichtigung des Lehrpfades ▪ Entwickeln von Stationsinhalten durch Integration von Schulklassen, örtlicher Bevölkerung, Vereine etc. ▪ Etablieren von Tafel-, Stations- oder Wegabschnittspatenschaften
Eröffnung des Lehrpfades	▪ Binden von Gemeinden, Entscheidungsträgern und lokaler Bevölkerung an den Pfad ▪ Steigern des Bekanntheitsgrades des Lehrpfades ▪ Anziehen von Besuchern	▪ Abhalten einer Eröffnungsveranstaltung unter Mitwirkung von Prominenten, lokaler Gastronomie, Vereinen und Medien ▪ Abhalten von Wissensquizes für alle Altersgruppen ▪ Abhalten einer Wahl der beliebtesten Lehrpfadstation ▪ Veranstalten eines Fotowettbewerbs („Vorher – Nachher") ▪ Weitere Berichte in Medien (Zeitungen, Radio etc.) über Eröffnungstag
Betriebsphase des Lehrpfades	▪ Steigern des Bekanntheitsgrades des Lehrpfades ▪ Erhöhen der Besucherzahlen ▪ Ändern des Besucherverhaltens ▪ Reduktion von Besuchern, die nicht der Zielgruppe entsprechen ▪ Auftreiben zusätzlicher Finanzmittel für Pflege- und Umgestaltungsmaßnahmen ▪ Wunsch nach Erlangung neuer Erkenntnisse über die Lehrpfadbesucherstruktur	▪ Regelmäßige Veranstaltungen am Pfad z. B. nach einer Renovierung oder Aktualisierung der Tafelinhalte ▪ Gemeinsame Reinigungsaktionen z. B. mit lokaler Bevölkerung ▪ Wettbewerbe für Schulklassen (Mal-, Poster- und Wissenswettbewerbe), öffentlichkeitswirksame Ernennungen zu Lehrpfadführern etc. ▪ Einsatz von Werbemaßnahmen, basierend auf dem Werbeplan und unter Fokussierung auf Maßnahmen, die spezifisch auf die Zielgruppe abgestimmt sind ▪ Abhalten eines Ideenworkshops für Verbesserungsmaßnahmen ▪ Berichte in Medien über unerwünschtes Besucherverhalten ▪ Präsentation des Lehrpfades auf internationalen/nationalen und regionalen Tourismusveranstaltungen ▪ Verwenden des Lehrpfades als Freilandlabor für Schulen und für wissenschaftliche Forschungen
Endphase	▪ Demarketing	▪ Mitteilungen auf der Lehrpfadhomepage über Lehrpfadschließung ▪ Stornieren aller Werbeeinschaltungen ▪ Einziehen des Werbematerials

9. Qualität durch Evaluation

9.1 Evaluation als Chance sehen!

Die Assoziationen, die der Begriff Evaluation hervorruft, sind häufig negativ besetzt. Evaluation wird mit einer Leistungsbeurteilung gleichgesetzt, die sich ausschließlich auf Fehlersuche und Kritik konzentriert. Viele sehen darin weniger eine Chance für eine Weiterentwicklung ihrer Angebote, sondern eine Beeinträchtigung, vielleicht sogar Bedrohung ihrer Arbeit (Eder & Arnberger 2006; Thonhauser & Patry 1999). Dabei ist Evaluation ein äußerst sinnvolles Instrument zur Verbesserung, Effizienzkontrolle und Qualitätssicherung (Siekierski 2003). Megerle (2002) berichtet, dass nur 11 % der befragten Gemeinden in Deutschland, Österreich und in der Schweiz ihre Lehrpfade – mit welcher Methode auch immer - evaluiert haben. Ein ähnliches Ergebnis erhielt Geroldinger (1999) bei seiner Befragung von österreichischen Betreibern. Diese Zahlen verwundern, sollte man doch meinen, dass jeder Lehrpfadbetreiber wissen möchte, ob und wie sein Angebot bei den Besuchern ankommt. Es erfordert Mut, sich auf eine Evaluation einzulassen, aber es lohnt sich. Bisweilen sind es nur Kleinigkeiten, die verändert werden müssen, um die Qualität eines Lehrpfades deutlich zu verbessern. Natürlich bedeutet jede Evaluation einen organisatorischen und finanziellen Aufwand. Doch bereits ein geringer Mitteleinsatz ermöglicht eine aussagekräftige Evaluation, vorausgesetzt, die passende Methode wird dafür gewählt.

Im Mittelpunkt jeder Evaluation steht die Frage, was durch wen und mit welcher Methode evaluiert werden soll. Je nach Intention für die Lehrpfaderrichtung und der im Vorfeld festgelegten Ziele ergeben sich unterschiedliche Herangehensweisen. So werden für den Tourismusverband die Evaluationskriterien andere sein als jene einer Schutzgebietsverwaltung oder religiösen Einrichtung. Wirtschaftliche Effekte wie die Änderung von Übernachtungszahlen in einem Ort sind relativ einfach zu erheben. Die Auswirkungen eines Lehrpfadbesuchs auf Wissensgrad und Umwelteinstellungen und nachfolgend auf das Umwelthandeln sind hingegen weitaus schwieriger zu erfassen und bedürfen langfristiger Strategien (Megerle 2002).

Eine erfolgreiche Evaluation orientiert sich an den folgenden Kriterien (verändert nach Megerle 2003, Wottawa 1998): Sie muss

- ziel- und zweckorientiert angelegt sein.
- objektiv, nachvollziehbar und damit wiederholbar sein.
- den Ursache-Wirkungszusammenhang offenlegen.
- dem aktuellen Stand der Wissenschaft und Technik entsprechen.
- eine Grundlage zur Bewertung von Handlungsalternativen darstellen.

Aus wirtschaftlicher Sicht sollten Lehrpfade langfristig gesehen eine positive Auswirkung auf die regionale Wertschöpfung zeigen. Da ein Großteil der Lehrpfade in Österreich aber kostenlos begangen werden kann und damit Angaben über Besucherzahlen nur selten vorliegen, sind Studien über die ökonomischen Effekte von Lehrpfaden eher rar. Eine Ausnahme bildet beispielsweise der eintrittspflichtige Baumkronenweg Kopfing in Oberösterreich. Im ersten Betriebsjahr wurde rund eine halbe Million Euro umgesetzt und durch den Betrieb des Weges konnten zwölf Arbeitsplätze geschaffen werden (Weiß 2005). Diese Zahlen belegen eindrucksvoll, welche regionalökonomischen Effekte mit einem Lehrpfad erzielt werden können.

Zur Erfassung des wirtschaftlichen Erfolges eines Lehrpfades sollten folgende Kriterien herangezogen werden (verändert nach Jungmeier & Zollner 2002b):

- Direkte Einnahmen wie Eintritte, Verkauf von Begleitheften, Souvenirs und Führungen.
- Indirekte Einkünfte aus regionalen Dienstleistungen, Produkten und Kooperationen.
- Umwegrentabilität durch Regionsmarketing, regionales Angebot und Gästebindung.
- Erhöhung der regionalen und lokalen Wertschöpfung und des Innovationspotenzials durch Vergabe der Konzeption, des Baus und der Pflege des Lehrpfades an lokale oder regionale Büros und Firmen.

9.2 Phasen der Evaluation

Prinzipiell lassen sich fünf Phasen der Evaluation unterscheiden, die von der Potenzialanalyse vor der Errichtung eines Lehrpfades bis zur begleitenden Kontrolle eines gebauten Pfades reichen (Tabelle 9.1).

Im Rahmen der Vorab-Evaluation wird der Statusquo erhoben und analysiert. Zu erhebende Faktoren sind unter anderem die Besucherzahlen und -strukturen in der Region oder an einem bestehenden, aber zu adaptierenden Lehrpfad oder die Nächtigungszahlen in der Gemeinde. Diese Vorab-Evaluation bildet die Basis für weitere Evaluationen, denn jede aussagekräftige Erfolgskontrolle beruht auf einem Vorher-Nachher-Vergleich (Megerle 2004).

Die begleitende oder formative Evaluation (Ebers et al. 1998, Klein 1998, Siekierski 2003) findet während der Errichtung des Lehrpfades statt. Klein (1998) formuliert mit dem Satz „Probieren wir es aus!“ sehr anschaulich den Sinn der formativen Evaluation: Mit einfachen Hilfsmitteln wird ein Probetext oder das Modell einer interaktiven bzw. sensorischen Installation hergestellt und mit einigen Testpersonen aus der Zielgruppe ausprobiert. Bezug nehmend auf die Rückmeldungen können vor der endgültigen Fertigung noch Adaptierungen an den Stationen vorgenommen werden.

Im Rahmen der formativen Evaluation können nicht alle Probleme sofort identifiziert werden. Mit der Nachbesserungsevaluation wird der Lehrpfad daher innerhalb eines Zeitraums von bis zu zwei Monaten nach seiner Eröffnung modifiziert (Siekierski 2003).

Die summative Evaluation besteht aus der abschließenden Gesamtbeurteilung des Lehrpfades einige Monate oder gar Jahre nach seiner Fertigstellung. Dazu gehört die Überprüfung all jener Ziele, die mit der Errichtung des Lehrpfades verbunden wurden. Die Ansprache der definierten Zielgruppen, der Zufriedenheitsgrad der Besucher und die pädagogische Wirkung fallen ebenso darunter wie der wirtschaftliche und gesellschaftliche Erfolg des Pfades.

Für jeden Lehrpfad sollten in bestimmten Zeitabständen weitere Erfolgskontrollen durchgeführt werden. Diese permanente Evaluation untersucht, ob die Stationsinhalte oder die eingesetzten Medien erneuert werden müssen, die angesprochene Zielgruppe den Lehrpfad besucht, sie zufrieden ist und ob der angestrebte wirtschaftliche Erfolg weiterhin anhält. Die Kontrolle des Bau- und Pflegezustandes des Weges gehört ebenso zu dieser Phase wie die der zugehörigen Erholungsinfrastruktur.

Tab. 9.1: Phasen der Evaluation (verändert nach Siekierski 2003, S. 145).

Evaluationsphasen	**Ziel**	**Bereich**
Vorab-Evaluation	Erfassen des Statusquo	▪ Potenzialanalyse vor der Errichtung eines neuen Pfades ▪ Identifikation bestehender Defizite, Schwächen, aber auch Potenziale bei der Adaptierung eines bestehenden Pfades
Formative Evaluation	Optimieren während des Baues	▪ Arbeit mit Prototypen ▪ Aufdecken von Konstruktionsmängeln bei interaktiven und sensorischen Stationen, Bedienbarkeit einer Installation für die Zielgruppe ▪ Menge an Information, die ein Besucher braucht, um das Funktionsprinzip einer Installation zu durchschauen ▪ Überprüfung der Zielgruppeneignung ▪ Überprüfung von Textformulierungen und Textlänge
Nachbesserungs-Evaluation	Modifizieren eines bestehenden Lehrpfades	▪ Aufdecken von Konstruktionsmängeln bei interaktiven und sensorischen Stationen im Dauereinsatz ▪ Überprüfung der Zielgruppeneignung ▪ Funktionsüberprüfung des Wegeleitsystems
Summative Evaluation	Umfassende Untersuchung des Lehrpfades	▪ Überprüfung der Zielgruppenansprache und des Zielerreichungsgrades ▪ Gesamtwirtschaftliche Evaluation (Umwegrentabilität, regionalwirtschaftliche Effekte, Nächtigungszahlen etc.) ▪ Änderung im Zufriedenheitsgrad ▪ Überprüfung der Effektivität des Marketings
Permanente Erfolgskontrolle	Änderung im Erfolgsgrad	▪ Überprüfung der richtigen Zielgruppenansprache ▪ Erfassung der Entwicklung von Besucherzahlen ▪ Überprüfung des Aktualitätsgrades des Themas, einzelner Tafeln und der eingesetzten Medien ▪ Überprüfung des Bau- und Pflegezustands der Stationen und des Weges ▪ Überprüfung der Marketingmaßnahmen

9.3 Wie wird evaluiert?

Wichtige Schritte bei jeder Evaluation sind das korrekte Formulieren von Fragen und Beobachtungskategorien, die Auswahl der richtigen Methoden und die Analyse der gewonnenen Daten. Eine umfassende Evaluation sollte immer in Zusammenarbeit mit Experten konzipiert und durchgeführt werden. Da viele Lehrpfadbetreiber meist nur eingeschränkte finanzielle und personelle Ressourcen zur Verfügung haben, fällt die Evaluation als Planungs- und Managementhilfe meist dem Sparstift zum Opfer. Um bei der Errichtung von Lehrpfaden jedoch Qualitätsstandards sicherzustellen, sollten Evaluationen und Besucherstudien als selbstverständliche Prozesse integriert sein. Evaluationen sind nur dann sinnvoll, wenn die Gütekriterien Objektivität, Zuverlässigkeit, Gültigkeit und Repräsentativität erfüllt werden. Für alle quantitativen Messinstrumente ist daher standardisiert vorzugehen. So müssen Besucherzahlen immer zu bestimmten Zeitpunkten und mit der gleichen Methode erhoben werden. Wird nur eine einzige Methode angewendet, sind oft nur eingeschränkte Aussagen möglich. Zielführend ist daher die Kombination von unterschiedlichen Methoden, wie beispielsweise Befragungen mit Ganzjahreszählungen (Cessford & Muhar 2003, Muhar et al. 2002) oder Befragungen mit Expertenbeurteilung und Zählungen (Megerle 2003, Wiener 2003).

Tab. 9.2: Beispiele für Methoden zur Evaluation von Lehrpfaden.

Quantitativ	**Qualitativ**
Pfadbezogene Methoden	
▪ Besucherzählungen durch Erhebungspersonen und/oder Zählgeräte ▪ (Verdeckte) Verhaltensbeobachtungen ▪ Befragungen vor Ort oder durch ausgelegte Fragebögen an der Informationsstelle ▪ Erfassung der ökonomischen Effekte durch Eintrittspreismethode, Ausgabeverhalten, Travel-Cost-Methode ▪ Anzahl an verkauften Begleitbroschüren, Eintritte, Anzahl von nachzufüllenden kostenlosen Begleitbroschüren ▪ Eintragungen im Gästebuch des Lehrpfads ▪ Erfassung des Wasserverbrauchs von Toiletten am Lehrpfad ▪ Anzahl der Aufrufe der Lehrpfadwebseite	▪ Experten-Evaluation des Lehrpfades ▪ Tiefeninterviews mit Lehrpfadbesuchern ▪ Einzelne Rückmeldungen von Besuchern via Kummerkasten ▪ Befragung der Betreiber (kritische Selbstreflexion)
Pfadumfeldbezogene Methoden	
▪ Nächtigungszahlen, Umsatz in der Gastronomie ▪ Befragungen und Telefoninterviews in Quellgebieten (Wohnortmethode) ▪ Befragungen in Tourismusdestinationen der Region/des Ortes über Bekanntheit des Pfades, Zufriedenheitsgrad und Rolle des Lehrpfades als Besuchsmotiv für den Besuch einer Region/Ort ▪ Sonstige Sekundärdaten wie Wasserverbrauch in der Gemeinde, Menge an verteilten Lehrpfadfoldern in der Region	▪ Tiefeninterviews und Gruppendiskussionen mit lokalen/regionalen Multiplikatoren und Vertretern der lokalen Bevölkerung ▪ Medien- und Inhaltsanalyse von Berichten über den Lehrpfad

Für die Evaluation von Lehrpfaden steht eine Vielzahl an Methoden zur Verfügung (Tabelle 9.2). Welche Methode bzw. Methodenkombination eingesetzt wird, hängt letztendlich von den Zielen der Betreiber, der Evaluationsphase und den zur Verfügung stehenden finanziellen und personellen Mitteln ab.

Grundsätzlich lassen sich die Evaluationsmethoden in pfadbezogene und umfeldbezogene sowie in quantitative und qualitative Methoden unterscheiden. Pfadbezogene Methoden beziehen sich direkt auf den Lehrpfad und seine Besucher bzw. alle dem Lehrpfad zugehörigen Einrichtungen. Umfeldbezogene Methoden hingegen beziehen sich auf das Umfeld des Lehrpfades, insbesondere auf die Region und die Quellgebiete der Besucher.

9.3.1 Pfadbezogene Evaluationsmethoden

Erfassung von Besucherzahlen

Besucherzählungen geben Aufschluss über die Besuchsintensität und sind daher einer der wichtigsten quantitativen Indikatoren für die Attraktivität eines nicht eintrittspflichtigen Lehrpfads. Bislang wurden zumeist Zählpersonen eingesetzt, die an einzelnen Tagen Erhebungen am Lehrpfad durchführten (Arnberger & Brandenburg 2002, Megerle 2003, Wiener 2003). Zwar ermöglichen diese Erhebungen erste Anhaltspunkte hinsichtlich Besuchermenge und Besucherzusammensetzung, externe Effekte wie Wetter oder Wochentag können aber die Ergebnisse stark beeinflusst haben (Arnberger 2006, Brandenburg 2001). Erst langfristige Zählungen lassen fundierte Aussagen über Besucherzahlen zu.

Foto 9.1: Lichtschranken erfassen automatisch Besucherzahlen. Pacific Rim National Park (Kanada).

Foto 9.2: Bildgestützte Erfassungsmethoden liefern vielfältige Information über die Nutzung eines Lehrpfades. In diesem Falle wurde eine Videokamera in ein Vogelhäuschen integriert.

Foto 9.3: Drehkreuze könnten für Besucherzählungen genutzt werden. Erlebnis Landschaft Weißbach (Salzburg).

Für langfristige Besucherzählungen eignen sich Lichtschranken, Druckmatten und Wärmedetektoren (Gasvoda 1999). Diese Geräte erfassen kostengünstig die Besucheranzahl und deren zeitliche Verteilung über den Tag, die Woche und das Jahr. Aussagen über die Besucherzusammensetzung wie Gruppengröße, Alter, Aktivitätsart und das Besucherverhalten wie Verweildauer am Lehrpfad oder an den einzelnen Stationen können keine getroffen werden. Gerade diese Informationen sind aber wichtig, um zu prüfen, ob der Lehrpfad auch vom geplanten Adressatenkreis genutzt wird. Fehlauslösungen durch Tiere, neugierige Besucher oder herabfallende Äste schmälern die Aussagekraft dieser Geräte (Arnberger et al. 2006). Optimal ist daher eine Kombination von langfristigen Zählungen über automatische Geräte mit Zählungen durch Erhebungspersonen an Stichprobentagen.

Bildgestützte Erfassungsmethoden wie die Video-Beobachtung (Arnberger & Brandenburg 2005, Arnberger et al. 2005a, Cessford & Muhar 2003) liefern eine Fülle an Informationen über die Besucher, und dies über längere Zeiträume. Diese Methode ist allerdings relativ teuer. Bei stark begangenen Wegen brauchen diese Geräte einen Stromanschluss. Grundvoraussetzung für den Einsatz visueller Methoden ist die Wahrung der Privatsphäre (Cessford & Muhar 2003). Schwarz-weiß-Kameras, die Bilder mit geringer Auflösung liefern, werden verwendet, damit die Besucher auf den Bildern nicht identifiziert werden können. Bildgestützte Erfassungsmethoden liefern neben der Besucheranzahl und der Besucherzusammensetzung auch Informationen über deren zeitliche Verteilung sowie über das Besucherverhalten an einzelnen Stationen des Lehrpfades.

Drehkreuze bzw. Drehtüren sind mechanische Zählvorrichtungen und werden häufig in Bade- oder Skigebieten eingesetzt. Mechanische Zählvorrichtungen können auch in Toilettentüren eingebaut werden, um die Anzahl der Betätigungen der Türverriegelung zu erfassen (Rauhala et al. 2002). Nachteilig ist, dass mechanische Zählvorrichtungen keine Informationen zu den verschiedenen Nutzergruppen liefern und die Uhrzeit der Auslösung nicht registriert wird.

Besucherbefragungen

Besucherbefragungen vor Ort anhand standardisierter Fragebögen sind derzeit wohl das am häufigsten angewendete Mittel zur Evaluation von Lehrpfaden (Altschwager 1997, Böhm 2003, Geroldinger 1999, Hughes & Morrison-Saunders 2002/2003, Megerle 2003, Pennwieser 1998, Wiener 2003). Daten, die damit erfasst werden können, sind neben soziodemografischen Details die Zufriedenheit mit dem Lehrpfad, Besuchsmotive, Bedürfnisse und Wünsche, aber auch der Grad der Wissensaneignung. Daneben können wirtschaftliche Faktoren wie die Verweildauer in der Region, getätigte Ausgaben und der Aufwand, der seitens der Besucher in Kauf genommen wurde, um den Lehrpfad zu besuchen, gesammelt werden.

Ausschlaggebend für die Qualität und Repräsentativität von Befragungsergebnissen sind das Design der Erhebung, die Qualität der Fragen, die Größe der Stichprobe und die

Ausbildung der Interviewperson (Atteslander 2006). Befragungen sollten nicht nach Lust und Laune vorgenommen werden, sondern einem festgelegten Erhebungsplan folgen, der sicherstellt, dass alle Nutzergruppen repräsentativ erfasst werden. Für ein repräsentatives Befragungsergebnis ist eine bestimmte Stichprobengröße erforderlich. Diese wird über die Grundgesamtheit der Zielgruppe definiert. Je größer die Stichprobe ist, desto eher lassen sich die Ergebnisse über den befragten Personenkreis hinaus übertragen. Zusätzlich können Besuchersegmente herauskristallisiert werden, auf deren Bedürfnisse dann speziell eingegangen werden kann. Stichprobengrößen von rund 400 Befragten erfüllen zumeist die gestellten Anforderungen. Damit müssen aber finanzielle Mittel für die Befragung und Know-how für die Entwicklung und Analyse der Fragebögen zur Verfügung stehen. Leider entsprechen nur sehr wenige der bisherigen Arbeiten über Lehrpfadnutzer diesen Vorgaben.

Nicht-reaktive Verfahren

Unter nicht-reaktiven Verfahren führt Klein (1998) Abnutzungserscheinungen an der Infrastruktur und die Menge des angefallenen Mülls als Indikatoren für die Nutzungsintensität eines Lehrpfades an. Weitere Methoden zur indirekten Erfassung der Besuchermenge sind die Anzahl an nachzufüllenden Foldern, der Verkauf von Begleitbroschüren, der Verbrauch von Wasser an der Informationsstation (z. B. Toiletten) und das Ausmaß an Erosionsschäden entlang des Weges (Muhar et al. 2002). Sinnvoll erscheint eine Kombination dieser Daten mit parallel laufenden Besucherzählungen über einen längeren Zeitraum. Aufgrund der Korrelation, etwa von Wasserverbrauch mit der Besucherzahl, kann zukünftig, auch ohne die aufwändige Erfassung von Besucherzahlen, auf die Besuchsintensität des Lehrpfades rückgeschlossen werden.

Expertenevaluation

Die Expertenevaluation, eine qualitative Methode, eignet sich vor allem zur Beurteilung der inhaltlichen und infrastrukturellen Gestaltung eines Lehrpfades und dessen Managements. Sie wurde bisher aufgrund ihrer geringeren Kosten relativ häufig angewendet (Brothanek & Nowacek 2006, Geroldinger 1999, Hanak 1982, Jungmeier & Zollner 2002a, Parz-Gollner 1987, Pennwieser 1998, Wiener 2003). Ob und wie der Lehrpfad allerdings beim Zielpublikum ankommt, ist mit der alleinigen Anwendung dieser Methode nicht eindeutig feststellbar. Prinzipiell besteht hier die Gefahr einer subjektiven Bewertung, wobei diese durch objektiv festgelegte Evaluationskriterien und Indikatoren reduziert werden kann. Idealerweise sollte die Evaluation durch einen externen und erfahrenen Gutachter erfolgen.

9.3.2 Pfadumfeldbezogene Evaluationsmethoden

Inhaltsanalyse
Bei der quantitativen Inhaltsanalyse (Atteslander 2006) wird die Anzahl an Erwähnungen des Lehrpfades in Tageszeitschriften und in populärwissenschaftlichen Artikeln erhoben. Aber auch die Anzahl an Nennungen in Wanderführern oder die Aufnahme in Datenbanken von Lehrpfaden stellen hier Indikatoren des Erfolgs dar. Anhand der Inhaltsanalyse kann ferner überprüft werden, welche Bewertungen über den Lehrpfad abgegeben werden, welche Bedeutung er hat und in welchem Zusammenhang er gesehen wird. Quantitative, aber auch qualitative Inhaltsanalysen von Schüleraufsätzen oder von Anmerkungen in Gästebüchern der Region sind weitere Varianten dieser Methode.

Tiefeninterviews
Mit Tiefeninterviews können Erwartungshaltungen an einen Lehrpfad und deren Erfüllungsgrad, aber auch Problembereiche und Verbesserungsvorschläge erfasst werden. Gegenüber einer standardisierten Befragung kann der Interviewer dabei stärker auf den Befragten eingehen (Atteslander 2006, Bortz & Döring 1995, Friedrichs 1990), dafür werden nur einige Personen befragt. Werden Experten befragt, beispielsweise aus dem Bereich Tourismus oder Pädagogik, dann spricht man von einem Experteninterview. Reihenfolge und Formulierung der Fragen während des Interviews sind nicht festgelegt, ein vorher entwickelter Gesprächsleitfaden ist aber erforderlich.

10. Die Lehrpfade von morgen

10.1 Haben Lehrpfade Zukunft?

Diese Frage beschäftigt sicherlich viele Betreiber von Lehrpfaden und wohl auch jene, die einen neuen Lehrpfad planen. Schließlich unterliegt unsere Gesellschaft permanenten Veränderungen. Was heute in ist, kann morgen bereits wieder out sein. Natürlich lässt sich hier nicht definitiv angeben, inwieweit Lehrpfade touristische Attraktionen und Umweltbildungsangebote von morgen sind. Einige gesellschaftliche Entwicklungen deuten aber darauf hin, dass gut inszenierte Lehrpfade mit Erlebnischarakter und sorgfältiger pädagogischer Aufbereitung auch in Zukunft nachgefragte Ausflugsziele sein werden. Dieser Ansicht scheinen auch die Betreiber zu sein, was die permanent steigende Zahl an Lehrpfaden vor allem in den letzten Jahren dokumentiert. Die „Destination Lehrpfad" boomt auch aus Sicht der Hersteller, die sich momentan an ihren vollen Auftragsbüchern erfreuen.

Wir leben heute in einer Informations- und Wissensgesellschaft, die von einem hohen Bedürfnis nach Bildungs- und Informationsangeboten in der Freizeit geprägt ist. Informelles Lernen, das im Gegensatz zum formalen Lernen in der Freizeit stattfindet, und Umweltbildungsangebote in der Natur erfreuen sich daher einer steigenden Beliebtheit (Anninger 2006, Wohlers 2001). Reisen bildet, warum dann nicht auch der Besuch eines Lehrpfades? Schließlich hilft Bildung bei der Orientierung in einer globalisierten Gesellschaft, sie ermöglicht Einblicke und Selbsterfahrung und steigert das Selbstwertgefühl.

Wandern in schönen Landschaften und unberührter Natur liegt weiterhin im Trend (Opaschowski 2002). Lehrpfade können sowohl dieser Natursehnsucht als auch dem Informationsbedürfnis des Menschen Rechnung tragen. Gefragt ist bereits heute und wohl auch in Zukunft ein Angebot mit einer ausgewogenen Kombination aus Information, Erlebnis und Konsum. Ganzheitliches Erfahren und das Wecken von Emotionen sind dabei Kernelemente, ebenso wie der Aufenthalt in attraktiven Landschaften und die Möglichkeit zum zwanglosen, eigenständigen und aktiven Lernen ohne Belehrung.

Im Ökotourismus nimmt die Umweltbildung eine zentrale Rolle ein (Fennel 2002) und viele Anbieter sehen in der Errichtung von Lehrpfaden eine Möglichkeit, den Gästen Natur- und Umweltschutz nahezubringen. Gerade der Ökotourismus ist ein stark expandierender Sektor, die jährlichen Zuwachsraten liegen rund drei Mal höher als jene im Tourismus (TIES 2005). Gleichzeitig steigt permanent die Anzahl der Naturschutzgebiete, sei es durch die Etablierung des europäischen Naturschutznetzwerkes Natura 2000 oder durch die Einrichtung neuer Nationalparks (Eagles 2004). Der Markt wird sich dadurch sowohl nachfrage- als auch angebotsseitig erweitern. Durch dieses ständig größer und vielfältiger werdende Angebot an Lehrpfaden finden immer mehr Menschen ein für sie interessantes Thema, welches sie mit persönlichen Erfahrungen in Beziehung setzen. So lassen sich spezifische Bedürfnisse von immer mehr Menschen befriedigen – ein wichtiger Aspekt in einer Individualgesellschaft.

Foto 10.1: Wandern in der Natur und Einblicke in die vom Menschen geschaffene Kulturlandschaft, in das „urtümliche Leben", werden auch künftig im Trend liegen. Naturpark Kaunergrat (Tirol).

Der vermehrte Einsatz an interaktiven und sensorischen Stationen steigert das Lehrpfaderlebnis und bietet auch für Kinder und Jugendliche Unterhaltung und nicht mehr nur trockene Fachinformationen für Erwachsene jenseits der vierzig. Lehrpfadbetreiber sollten sich jedenfalls vergegenwärtigen, dass Kinder die Besucher von morgen sind (Ward Thompson et al. 2005).

Gesundheit, Wellness und Fitness sind Themen, die im heutigen Leben eine zentrale Bedeutung einnehmen (Steinle 2003). Dieser Trend wurde mittlerweile auch bei der Konzeption von Lehrpfaden erkannt, denken wir nur an die Vielzahl an Sinnes-, Wellness- oder Stressabbaupfaden. Gesundheit und Natur lassen sich mit einem Lehrpfadbesuch wunderbar kombinieren, da schon der Aufenthalt im Grünen zu Regenerationseffekten beim Menschen führt (Hartig 1993, Kaplan & Peterson 1993). Lehrpfade, die abseits der Hauptbesucherströme liegen, eine schöne Wanderung erlauben und ihre Besucher zu mentalen wie körperlichen Übungen animieren, bilden Orte der Ruhe und Erholung. Sie können ihre Besucher in andere, oft längst vergangene Zeiten oder andere (Natur-)Welten versetzen und lassen sie damit Abstand vom Alltag nehmen. Gerade für die vom Stress geplagten Menschen sind sie regenerative Angebote für stille Informations- und Naturerlebnisse und damit ein Gegensatz zum hektischen und beschleunigten Alltagsleben.

Foto 10.2: Der Summstein als Wellness-Angebot. Durch die eigene Stimme wird der Körper in harmonische Schwingungen versetzt. Naturerlebnisweg Bockkluft (Salzburg).

Obwohl, oder gerade weil, unsere Gesellschaft geprägt ist von einer immer stärker werdenden Globalisierung gibt es als Gegenpole, dazu auch die Rückbesinnung auf das Lokale und Regionale, auf das Ursprüngliche und Unverfälschte (Schröder 2006). Lehrpfade, die auf regionale und lokale Themen setzen, lokale Besonderheiten wie gastronomische Spezialitäten, Handwerksprodukte, landschaftliche Ressourcen und kulturelle Angebote authentisch miteinbeziehen, werden im Trend liegen. Insbesondere dann, wenn ihre Besucher Beschriebenes vor Ort kosten oder ausprobieren und Erlebnisse und Erinnerungen auch in materieller Form mit nach Hause nehmen können.

10.2 Technologische Entwicklungen

Neue Informations- und Kommunikationstechniken durchdringen immer mehr Lebensbereiche und werden auch bei der Gestaltung von Lehrpfaden nicht Halt machen. Künftig werden den Besuchern verbesserte tragbare Medien zur Verfügung stehen, während die Stationen vor Ort mehr und zielgruppengerechtere Informationen anbieten können.

Interaktive Taschen-PCs verknüpft mit Satellitennavigation (Haller & Rhin 2005) oder das Mobiltelefon mit integriertem GPS können künftig Stationen und Begleitbroschüren eines Lehrpfades ersetzen. Erreichen die Besucher eine definierte Position am Lehrpfad, haben sie die Möglichkeit, die jeweiligen ortsbezogenen Informationen über diese Medien abzurufen. Sie werden auf aktuelle Naturereignisse hingewiesen, sehen eine kurze Filmsequenz zum Thema oder erarbeiten sich die Informationen im Rahmen eines Rätsels selbst. Diese Medien bieten viel mehr Informationen, ohne dass es dazu irgendwelcher Installationen in der Landschaft bedarf. Die Besucher bestimmen Themeninhalte über die Menüwahl selbst, oder eine selbst lernende Software unterstützt sie bei ihrer Suche nach der präferierten Information. Überdies erleichtern die mit Taschen-PCs dargestellten Landkartenausschnitte und dreidimensionalen Geländedarstellungen bzw. GPS-Navigierungen die Orientierung. Diese neuen, „trendigen" Technologien eröffnen die Chance, die bisher weniger von Lehrpfaden begeisterte Altersgruppe der Jugendlichen als Zielgruppe zu gewinnen. Erste Ergebnisse aus dem Schweizerischen Nationalpark (Haller & Rhin 2005) sowie von Sterl et al. (2006) zeigen hier eine positive Resonanz.

Auch Lehrpfadstationen könnten sich durch technische Errungenschaften verändern. Neue Entwicklungen werden den Einsatz von interaktiven und sensorischen Stationen erleichtern. Mit immer effizienteren Solarkollektoren, witterungsbeständigeren und energiesparenderen Technologien wird die Palette an Geräten, die audiovisuelle oder sinnliche Effekte und Erfahrungen ermöglichen, erweitert. Computer, z. B. in Form von Touch screens, finden ihre Anwendung inzwischen in Außenbereichen, sei es beim Fahrkartenkauf oder bei der Suche nach Information über einen Ort (Epstein et al. 2003). Diese Arten der Informationsvermittlung wären auch für Lehrpfadstationen denkbar, wodurch die Stationen über höhere Informationsinhalte verfügen würden. Allerdings sind dafür hohe Herstellungskosten und ein im Vergleich zu Tafeln weit größerer Wartungsaufwand gegeben. Es bleibt außerdem abzuwarten, inwieweit diese Technologien, insbesondere wenn sie in entlegenen Naturräumen eingesetzt sind, von den Besuchern akzeptiert werden. Ob solche Technologien eingesetzt werden, ist immer auch von der Art des Lehrpfades abhängig. Für einen Naturerlebnispfad, der auf die Wahrnehmung von Natureindrücken fokussiert, sind diese technischen Stationen wohl eher konträproduktiv. Bei einem Lehrpfad mitten in der Stadt, der verschiedene Sehenswürdigkeiten präsentiert, wäre ein Einsatz durchaus denkbar.

10.3 Planung, Management und Marketing

Erlebniswege gewinnen gegenüber den klassischen Lehrpfaden immer mehr an Bedeutung. Damit steigt der Aufwand für die Erstellung und Wartung der dafür erforderlichen interaktiven und sensorischen Stationen. Die Sicherstellung finanzieller Mittel nicht nur für den Kauf bzw. Bau dieser Stationen, sondern auch für deren Pflege wird zukünftig eine immer wichtigere Rolle spielen. Mit der wachsenden Zahl an Lehrpfaden wird auch die Nachfrage nach innovativen Elementen, wie originelle Sinnesstationen, steigen. Die Fantasie und Kreativität der Planer sind und bleiben somit auch in Zukunft zwei der wichtigsten Potenziale bei der Errichtung von unterhaltsamen Lehrpfaden.

Foto 10.3: Lehrpfade können auch im Winter genützt werden (Finnland).

Mit dem demografischen Wandel werden Menschen mit Aktivitäts- und Mobilitätseinschränkungen eine immer größere Zielgruppe (Schröder 2006). Angebote für die ältere Generation müssen daher entwickelt werden. Aufstiegshilfen, leicht erreichbare, gut gesicherte und kürzere Lehrpfade gewinnen hier an Bedeutung, ebenso wie eine leicht lesbare Schriftgröße bei den Informationstafeln und ein inhaltlich auf die Zielgruppe abgestimmtes Angebot.

Aussagen von Touristikern zufolge nimmt das Winterwandern einen immer bedeutenderen Stellenwert im Tourismus ein. Dies könnte auch eine verstärkte Nachfrage für eine Lehrpfadnutzung im Winter bedeuten – vorausgesetzt es sind vom Schnee frei geräumte Wanderwege verfügbar. Einige Betreiber sehen sich auch mit gravierenden Änderungen im Management konfrontiert. Bei Lehrpfaden im Hochgebirge (Gletscherwege) wird der Klimawandel Auswirkungen auf die Wegeinfrastruktur haben. Viele Gletscher ziehen sich immer mehr zurück, der Permafrostboden taut auf und die Gefahr des Steinschlages wächst. Damit werden einerseits die Wegeinfrastruktur und die Lehrpfadstationen in Mitleidenschaft gezogen, andererseits müssen verstärkt Sicherungsmaßnahmen ergriffen werden. Teilweise wird wohl die Wegeführung im doppelten Sinn „überdacht" werden müssen.

Um Lehrpfade als erfolgreiche Einrichtungen zu positionieren, sind künftig Mindestqualitätsstandards festzulegen (Jungmeier & Zollner 2002a). Öffentliche Stellen sollten die Errichtung von Lehrpfaden nur dann fördern, wenn diese Standards auch eingehalten werden. Beispielsweise darf ein klassischer Lehrpfad, der ausschließlich auf rezeptive Informationsvermittlung setzt, nicht als Naturerlebnisweg beworben werden (Megerle 2006). Damit werden nur falsche Erwartungen bei den Besuchern geweckt und die Enttäuschungen schlagen sich schlussendlich negativ auf das Image aller Lehrpfade nieder. Die Mindeststandards könnten folgende Kriterien umfassen:

- Vorhandensein eines äußeren und inneren Wegeleitsystems
- Vorhandensein einer Eingangstafel
- Definition der Zielgruppe, für die der Lehrpfad gedacht ist
- Verständliche und auf die Zielgruppe abgestimmte Texte
- Integration der kulturellen wie natürlichen lokalen und regionalen Ressourcen
- Einbettung in das touristische Gesamtangebot vor Ort und der Region
- Marketingmaßnahmen abgestimmt auf die Zielgruppe
- Regelmäßige Pflege und Wartung des Lehrpfadareals
- Durchführung von Evaluationen
- Sorgfältiger Eintrag in das österreichische Lehrpfade-Portal (lehrpfade.lebensministerium.at) und regelmäßige Überprüfung und Aktualisierung der Daten

Da immer mehr Lehrpfade entstehen, bietet sich ein Zusammenschluss von Betreibern zu regionalen Clustern an. Das Abstimmen von Themen, ein gemeinsames Marketing, lehrpfadübergreifende Pflegearbeiten und Besuchererfassungen sparen Gelder. Diese können wiederum für eine intensivere Pflege oder aktiveres Marketing eingesetzt werden. Gleichzeitig kann die Zusammenarbeit mit anderen touristischen Anbietern verstärkt werden. Solch ein Zusammenschluss gewährleistet, dass die Angebotsgröße stärker wahrgenommen wird, und erlaubt ein gewichtigeres Auftreten gegenüber Entscheidungsträgern aus Politik, Verwaltung, Planung etc.

Tipps für Lehrpfadbetreiber

Abschließend sind nochmals jene Faktoren angeführt, die wesentlich für einen erfolgreichen Pfad sind.

Der Lehrpfad als Beitrag zur regionalen Entwicklung
Stellen Sie Ihren Lehrpfad auf eine breite Basis, indem Sie Schulen, Vereine, verschiedenste Institutionen, die lokale Bevölkerung und politische wie administrative Entscheidungsträger von Beginn der Lehrpfadplanung an einbinden. Informieren Sie diese Gruppen regelmäßig über Aktivitäten und Änderungen am Pfad. Veranstalten Sie immer wieder gemeinsame Aktionen und Feste und lassen Sie die Öffentlichkeit durch Berichte in den Medien daran teilhaben. Gastronomie, Handwerk und Tourismus aus dem Ort

und der Region sollten integriert sein. Begehen Sie den Pfad mit Gemeindevertretern, Entscheidungsträgern, aber auch mit den Tourismusverantwortlichen und erläutern Sie den Sinn und Zweck der einzelnen Stationen. Erweitern Sie das Angebot am Pfad und vernetzen Sie ihn mit anderen Angeboten aus der Region. Adaptieren Sie Ihren Pfad immer wieder mit neuen Ideen, neuen Stationen und Einrichtungen und zeigen Sie, dass Sie als Betreiber an der Weiterentwicklung des Pfades Interesse haben. Die Vergabe von Planungs-, Bau- und Pflegearbeiten an ansässige Büros und Firmen erhöht die regionale Wertschöpfung.

Der Lehrpfad als spannendes und informatives Erlebnis

Ein gutes Thema und eine schöne Landschaft sind unbestritten wichtige Erfolgsfaktoren, führen aber noch lange nicht zu einem erfolgreichen Pfad. Versuchen Sie ein Alleinstellungsmerkmal zu finden. Dieses kann lokal-spezifischer Natur sein, sich aber auch auf regionale oder globale Themen stützen. Im Prinzip hat jedes Dorf, jeder Weiler, jede Kulturlandschaft und jeder Mensch eine erzählenswerte Biografie, die sich anhand eines Lehrpfades präsentieren lässt. Seien Sie kreativ beim Titel Ihres Pfades und bei der Gestaltung der einzelnen Stationen. Kombinieren Sie Informationstafeln mit interaktiven und sensorischen Stationen und ergänzen Sie den Pfad mit zielgruppengerechten Besuchereinrichtungen. Formulieren Sie interessante, provozierende und Neugier entfachende Überschriften und verpacken Sie die Informationen in eine spannende Geschichte, die Ihre ausgewählte Zielgruppe anspricht und Emotionen weckt. Machen Sie Ihren Pfad durch ein themenbezogenes Corporate Design unverkennbar.

Ein Lehrpfadbesuch ist kein Orientierungslauf

Das Wegeleitsystem ist ein neuralgischer Punkt. Vergewissern Sie sich, dass der Weg zum und innerhalb des Lehrpfades ausreichend beschildert ist. Was nützt der schönste Pfad, wenn ihn keiner findet oder wenn die Besucher hauptsächlich damit beschäftigt sind, den Weg zur nächsten Station zu finden, und dabei auch noch Gefahr laufen, vom Pfad abzukommen. Eine Eingangstafel mit Informationen über Wegeverlauf und Gehdauer ist obligatorisch. Stellen Sie an allen Kreuzungen und kritischen Punkten deutlich sichtbare Wegweiser auf. Bei längeren kreuzungsfreien Wegabschnitten sind zusätzliche Hinweistafeln sinnvoll, da sie den Besuchern die Sicherheit geben, auf dem richtigen Weg zu sein. Weisen Sie immer wieder auf nahegelegene Attraktionen, Gastronomiebetriebe und Haltestellen des öffentlichen Verkehrs hin.

Ein Lehrpfad muss gepflegt und beworben werden

Wenn am Beginn des Lehrpfades der Behälter für die Folder leer ist, werden Sie bereits am Start verärgerte Besucher riskieren. Stellen Sie sicher, dass das Areal regelmäßig kontrolliert und beschädigte Stationen so schnell wie möglich repariert werden. Tafeln,

Wegweiser und Ausstellungsstücke müssen von Vegetation frei geschnitten werden. Adaptieren Sie veraltete Tafeln und Informationen. Überlegen Sie sich eine gute Marketingstrategie und sorgen Sie dafür, dass jeder Tourismusverantwortliche in der Region den Lehrpfad kennt und auch weiß, wo er sich befindet und was er bietet. Integrieren Sie den Lehrpfad in die Vermarktungsschiene der Region, indem Sie mit dem Tourismus und dem Regionalmanagement kooperieren. Tragen Sie Ihren Pfad im Lehrpfade-Portal ein (lehrpfade.lebensministerium.at) und kontrollieren Sie die Einträge regelmäßig auf Aktualität.

Ein Lehrpfad muss weiterentwickelt werden
Überprüfen Sie, ob Ihr Pfad noch ankommt! Zählungen und Befragungen der Lehrpfadnutzer in regelmäßigen Abständen bezüglich der Zufriedenheit über Wegezustand, Gestaltung der Stationen und Informationsvermittlung sind dafür geeignete Methoden. Lassen Sie die Stationen von der ausgewählten Zielgruppe bereits vor der Installation testen und beobachten Sie die Besucher beim Lehrpfadbesuch. Holen Sie die Meinung von Experten, wie Lehrpfadplanern, Touristikern, Pädagogen etc. ein, um Verbesserungen durchführen zu können. Dokumentieren Sie aber auch den Umsatz des Gastronomiebetriebes am Pfad, die Webseitenaufrufe und die Anzahl an Foldern, die nachgefüllt werden müssen, um einen Überblick über die Besucherzahlen und den Erfolgsgrad zu bekommen.

… wenn Sie diese Empfehlungen berücksichtigen, dann steht einem erfolgreichen Lehrpfad nichts mehr im Wege!

Foto 10.4: Nun ist es Zeit für eine wohl verdiente Rast. Glocknerspur BergeDenken (Tirol).

11. Literatur-, Abbildungs- und Tabellenverzeichnis

11.1 Literaturverzeichnis

Altschwager, I. (1997): Der Nationalpark Bayerischer Wald als Entwicklungsregion für angepassten Tourismus und Naturerlebnis – dargestellt anhand einer Evaluation des Naturerlebnispfades. Diplomarbeit an der Christian-Albrechts-Universität zu Kiel.

Anninger, R. (2006): Umweltbildung als Beitrag zum Besuchermanagement in österreichischen Nationalparks. Diplomarbeit an der Universität für Bodenkultur Wien.

Arnberger, A., Brandenburg, C. (2002): Besuchermonitoring im Nationalpark Donau-Auen, Niederösterreichischer Anteil. Projektbericht. Im Auftrag der Nationalpark Donau-Auen GmbH.

Arnberger, A., Brandenburg, C. (2005): Video monitoring forest visitors: An approach to gain more insightful data. Austrian Journal of Forest Science – Centralblatt für das gesamte Forstwesen, 1, S. 19–35.

Arnberger, A., Haider, W. (2005): Social effects on crowding preferences of urban forest visitors. Urban Forestry & Urban Greening, 3 (3–4), S. 125–136.

Arnberger, A., Haider, W., Brandenburg, C. (2005a): Evaluating visitor monitoring techniques: A comparison of counting and video observation data. Environmental Management, 36 (2), S. 317–327.

Arnberger, A., Muhar, A., Sterl, P. (2005b): ALP AUSTRIA – Teilprojekt 17: Auswirkungen des Tourismus auf Almen. Im Auftrag von eb&p Umweltbüro Klagenfurt; Lebensministerium und Länder.

Arnberger, A. (2006): Recreation use of urban forests: An inter-area comparison. Urban Forestry & Urban Greening, 4 (3–4), S. 135–144.

Arnberger, A., Brandenburg, C., Muhar, A. (2006): Besuchererfassungstechnologien als Beitrag für eine nachhaltige Erholungsgebiets- und Stadtentwicklung. In: Schrenk, M.: CORP 2006 & Geomultimedia06, 13.–16. Februar 2006, Wien, S. 573–580.

Atteslander, P. (2006): Methoden der empirischen Sozialforschung. Erich Schmidt Verlag, Berlin.

Baumgarth, C., Bernecker, M. (Hrsg.) (1999): Marketingforschung. R. Oldenbourg Verlag, München.

Baumgartner, C. (2002): Prozessorientiertes Bewertungsschema für Nachhaltigkeit im Tourismus. Dissertation an der Universität für Bodenkultur Wien.

Beard, J.G., Ragheb, M.G. (1983): Measuring leisure motivation. Journal of Leisure Research, 15, S. 219–227.

Beeton, S., Benfield, R. (2002): Demand control: the case for demarketing as a visitor and environmental management tool. Journal of Sustainable Tourism, 10 (6), S. 497–517.

Bell, S. (1997): Design for outdoor recreation. Taylor & Francis, London.

Beyrich, C. (1998): Erlebnisraum Natur: Umweltbildungsmedien vor Ort – Naturpfade

und Naturerlebnisräume. Bayerische Akademie für Naturschutz und Landschaftspflege (Hrsg.): Lehr-, Lern- und Erlebnispfade im Naturschutz. Laufener Seminarbeiträge, S. 9–13.
Bögeholz, S. (1999): Qualitäten primärer Naturerfahrung und ihr Zusammenhang mit Umweltwissen und Umwelthandeln. Verlag Leske und Budrich, Opladen.
Böhm, G. (2003): Bestandsaufnahme und Bewertung des Lehrpfadangebotes in den burgenländischen Naturparken mittels einer beschreibenden Evaluation und einer Befragung der Naturparkgäste. Diplomarbeit an der Universität für Bodenkultur Wien.
Bolz, B. (1999): Konzept für einen ökologischen Lehrpfad im Klausbachtal (Nationalpark Berchtesgaden). Diplomarbeit an der Universität Hannover.
Bortz, J., Döring, N. (1995): Forschungsmethoden und Evaluation. 2. Aufl., Springer-Verlag, Berlin, Heidelberg, New York.
Brämer, R. (2006): Natur obskur. Wie Jugendliche heute Natur erfahren. Oekom Verlag, München.
Brandenburg, C. (2001): Erfassung und Modellierung von Besuchsfrequenzen in Erholungs- und Schutzgebieten – Anwendungsbeispiel Nationalpark Donau-Auen, Teilgebiet Lobau. Dissertation an der Universität für Bodenkultur Wien.
Bricker, K.S., Kerstetter, D.L. (2000): Level of specialization and place attachment: an exploratory study of whitewater recreationists. Leisure Sciences, 22, S. 233–257.
Brothanek, S., Nowacek, M. (2006): Lehrpfade und Erlebniswelten in Theorie und Praxis. Eine analytische Betrachtung von in- und ausländischen Beispielen. Diplomarbeit an der Universität für Bodenkultur Wien.
Bryan, H. (1977): Leisure value systems and recreation specialization: the case of trout fishermen. Journal of Leisure Research, 9, S. 174–187.
Cessford, G., Muhar, A. (2003): Monitoring options for visitor numbers in national parks and natural areas. Journal for Nature Conservation, 11 (4), S. 240–250.
Cessford, G. (2003): Perception and reality of conflict: walkers and mountain bikes on the Queen Charlotte Track in New Zealand. Journal for Nature Conservation, 11 (4), S. 310–316.
Diepolder, U. (2000): Die Entwicklung des Tourismus in Großschutzgebieten – bestehende Rahmenbedingungen, Folgen, Chancen, Gestaltungsmöglichkeiten und Konflikte. Gutachten im Auftrag des Deutschen Bundestages. Büro für Landschaftsplanung Dr. Ursula Diepolder und dwif Berlin.
Dultzig, von K. (1999): Marketing kompakt. Verlag Vahlen, München.
Eagles, P. F. J. (2004): Trends affecting tourism in protected areas. In: Sievänen, T., Erkkonen, J., Jokimäki, J., Saarinen, J., Tuulentie, S., Virtanen, E. (Eds.): Policies, Methods and Tools for Visitor Management. Proceedings of the Second Conference on Monitoring and Management of Visitor Flows in Recreational and Protected Areas. Rovaniemi, Finnland, S. 17–25.
Ebers, S., Laux, L., Kochanek, H. (1998): Vom Lehrpfad zum Erlebnispfad, Handbuch für Naturerlebnispfade. Wetzlar NZH.

Eder, R. (2004): Umweltbildung als Beitrag zur Erhaltung der bäuerlichen Kulturlandschaft. Diplomarbeit an der Universität für Bodenkultur, Wien.

Eder, R., Arnberger, A. (2006): Evaluation – Ein Baustein zur Entwicklung zielgruppenorientierter Umweltbildung. In: Pröbstl, U., Arnberger, A., Eder, R., Wirth, V. (Hrsg.): Umweltbildung für Jugendliche – cool oder mega-out? Band zur Tagung am 27.11.2006 an der Universität für Bodenkultur Wien, S. 12–13.

Epstein, M., Garcia, C., Fiore, dal F. (2003): History unwired: Venice frontiers. Mobile technology for intelligent tourism and citizenship. Massachusetts Institute of Technology, Università Cà Foscari di Venezia, Cambridge. http://web.mit.edu/frontiers. [gesehen am 29.09.2006]

Erdmann, W. (1975): Lehrpfade und ihre Gestaltung. Heinz Holzberg Verlag, Oldenburg.

Fennel, D.A. (2002): Ecotourism programme planning. Cabi Publishing, Wallingford.

Flink, C.A., Olka, K., Searns, R.M. (2001): Trails for the twenty-first century. Rails-to-Rails Conservancy. Second Edition, Island Press, Washington.

Freericks, R., Brinkmann, D. (2006): Zwischen Thrill und Zauberland: Freizeit in inszenierten Erfahrungsräumen. In: Reuber, P., Schnell, P. (Hrsg.): Postmoderne Freizeitstile und Freizeiträume. Schriften zu Tourismus und Freizeit, Band 5. Erich Schmidt Verlag, Berlin, S. 181–191.

Friedrichs, J. (1990): Methoden empirischer Sozialforschung. 14. Aufl., Westdeutscher Verlag, Opladen.

Gasvoda, D. (1999): Trail traffic counters: Update. Report 9923–2835-MTDC. USDA Forest Service, Missoula Technology and Development Centre, Missoula, MN.

Gee, K. (2004): Nachhaltiger Tourismus im ländlichen Raum: Welche Rolle spielt die Landschaftsinterpretation. In: Serbser, W., Inhetveen, H., Ruesswig, F. (Hrsg.): Land – Natur – Konsum. Bilder und Konzeptionen im humanökologischen Diskurs. Oekom Verlag, München, S. 66–87.

Geroldinger, H.F. (1999): Der Naturlehrpfad als Medium der Umweltbildung. Eine kritische Analyse anhand ausgewählter in- und ausländischer Beispiele. Dissertation an der Universität Wien.

Graefe, A. R., Vaske, J. J., Kuss, F.R. (1984): Social carrying capacity – An integration and synthesis of twenty years of research. Leisure Sciences, 6 (4), S. 395–431.

Günther, A. (2006): 20 Jahre Erlebnisgesellschaft – und mehr Fragen als Antworten. Zwischenbilanz oder Abgesang auf die Erlebniswelten-Diskussion. In: Reuber, P., Schnell, P. (Hrsg.): Postmoderne Freizeitstile und Freizeiträume. Schriften zu Tourismus und Freizeit, Band 5. Erich Schmidt Verlag, Berlin, S. 47–62.

Haller, R., Rhin, C. (2005): Research becomes public: The use case of Webpark. In: Hohe Tauern National Park (Hrsg.): 3rd Symposium of the Hohe Tauern National Park for research in protected areas, abstract, 15.09.2005–17.09.2005, Kaprun, S. 7.

Hanak, E. (1982): Wald- und Naturlehrpfade in NÖ und Wien. Bestandsaufnahme und Versuch einer Bewertung. Diplomarbeit an der Universität für Bodenkultur, Wien.

Hartig, T. (1993): Nature experience in transactional perspective. Landscape and Urban Planning, 25, S. 17–36.
Hartmann, R. (2006): Die Stadt als Freizeit- und Erlebnisraum – Erlebnismarketing und -inszenierung im Städtetourismus. In: Reuber, P., Schnell, P. (Hrsg.): Postmoderne Freizeitstile und Freizeiträume. Schriften zu Tourismus und Freizeit, Band 5. Erich Schmidt Verlag, Berlin, S. 193–202.
Hey, B. (1993): Der Weg ist das Ziel: Historische Kulturrouten. In: Becker, C., Steinecke, A. (Hrsg.): Kulturtourismus in Europa: Wachstum ohne Grenzen? ETI-Studien, Bd. 2, Trier, S. 212–232.
Hughes, M., Morrison-Saunders, A. (2002): Impact of trail-side interpretive signs on visitor knowledge. Journal of Ecotourism, 1, S. 122–132.
Hughes, M., Morrison-Saunders, A. (2003): Visitor attitudes toward a modified natural attraction. Society and Natural Resources, 16, S. 191–203.
Janowsky, von J., Becker, G. (2003): Characteristics and needs of different user groups in the urban forest of Stuttgart. Journal for Nature Conservation, 11 (4), S. 251–259.
Janssen, J., Lottmann, R., Rump, C. (1994): Erlebnispfade statt Lehrpfade. Seminarbericht. Gut Sunder, Winsen.
Jungmeier, M., Zollner, D. (2002a): Themenwege in Kärnten – Inventar und Zertifizierung. Studie im Auftrag von: Amt der Kärntner Landesregierung, Bearbeitung: E.C.O. – Institut für Ökologie GmbH, Klagenfurt.
Jungmeier, M., Zollner, D. (2002b): Themenwege in Kärnten – Inventar und Zertifizierung. In: Kuratorium Schöneres Tirol, Dorferneuerung Tirol, Bildungshaus Kloster Neustift (Hrsg.): Lehrpfade und Erlebnisweg – sind sie noch zeitgemäß? 7. Tiroler Grünraumtagung, Tagungsbericht, S. 19–23.
Kammerzelt, H. (2000): Vermarktung. In: Lang, C., Stark, W. (Hrsg.): Schritt für Schritt Naturerleben. Ein Wegweiser zur Errichtung moderner Lehrpfade und Erlebniswege. Forum Umweltbildung, Wien, S. 103–106.
Kaplan, S., Peterson, C. (1993): Health and environment: A psychological analysis. Landscape and Urban Planning, 26, S. 17–23.
Killermann, W. (2000): Ganzheitliche Naturschutz- und Umwelterziehung. In: Bayerische Akademie für Naturschutz und Landschaftspflege (Hrsg.): Berichte der ANL, Laufen, S. 21–26.
Kinnebrock, W. (1999): Marketingkommunikation. In: Döttling, D. (Hrsg.): Marketing Basiswissen. Gabal Verlag, Offenbach, S. 53–94.
Klein, H. J. (1998): Evaluation für besucherorientierte Einrichtungen: Ursprünge – Formen und Methoden – Nutzanwendungen und Grenzen. In: Scher, M.A. (Hrsg.): (Umwelt-)Ausstellungen und ihre Wirkung, Schriftenreihe des Staatlichen Museums für Naturkunde und Vorgeschichte Oldenburg.
Krejcarek, M. (2000): Umweltbildung. In: Lang, C., Stark, W. (Hrsg.): Schritt für Schritt Naturerleben. Ein Wegweiser zur Errichtung moderner Lehrpfade und Erlebniswege. Forum Umweltbildung, Wien, S. 25–29.

Kremb, K. (2001): Geoökoagenda1, 2001. http://www.geooeko.de/publikationen/geooeko/2001/geooeko-agenda_1.htm [gesehen am 26.03.2005].
Lang, C., Stark, W. (Hrsg.) (2000): Schritt für Schritt Naturerleben. Ein Wegweiser zur Errichtung moderner Lehrpfade und Erlebniswege. Forum Umweltbildung, Wien.
Laux, L. (2002): Vom „Lehr-fad" zum Erlebnispfad. In: Umweltdachverband (Hrsg.): Grenzgänge, Umweltbildung und Ökotourismus. Forum Umweltbildung, Wien, S. 24–27.
Lehnes, P., Glawion, R. (2000): Landschaftsinterpretation – ein Ansatz zur Aufbereitung regionalgeographischer Erkenntnisse für den Tourismus. In: Zollinger, G. (Hrsg.): Aktuelle Beiträge zur angewandten physischen Geographie der Tropen, Subtropen und der Regio Trirhena. Selbstverlag des Institutes für Physische Geografie der Albert-Ludwigs-Universität Freiburg, S. 313–326.
Lehnes, P., Glawion, R. (2002): Mehr als nur schön. Professionelle Landschaftsinterpretation zur Förderung des nachhaltigen Tourismus im Südschwarzwald. In: Umweltdachverband (Hrsg.): Grenzgänge, Umweltbildung und Ökotourismus. Forum Umweltbildung, Wien, S. 31–35.
Lipsmeier, A., Teml, A. (Hrsg.) (1996): Friedrich Tabellenbuch Bautechnik. Ferd. Dümmlers Verlag, Bonn.
Lude, A. (2001): Naturerfahrung und Naturschutzbewusstsein. Studienverlag, Innsbruck, Wien, München.
Ludwig, T. (2005): Grundkurs Natur- und Kulturinterpretation, Kurshandbuch. Bildungswerk interpretation, Werleshausen. www.interp.de [gesehen am 11.04.2006]
Lüdtke, H. (2000): Zeitverwendung und Lebensstile: empirische Analysen zu Freizeitverhalten, expressiver Ungleichheit und Lebensqualität in Westdeutschland. Marburger Beiträge zur sozialwissenschaftlichen Forschung, Band 5. Lit-Verl., Münster.
Megerle, H. (2002): Praktische Evaluierungserfahrungen von Pfaden und Vorteile durch Netzwerke in Deutschland, Vorstellung des Quellenerlebnispfades Bad Herrenalb. In: Kuratorium Schöneres Tirol, Dorferneuerung Tirol, Bildungshaus Kloster Neustift (Hrsg.): Lehrpfade und Erlebnisweg – sind sie noch zeitgemäß? 7. Tiroler Grünraumtagung, Tagungsbericht, S. 34–44.
Megerle, H. (2003): Naturerlebnispfade – neue Medien der Umweltbildung und des landschaftsbezogenen Tourismus? Bestandsanalyse, Evaluation und Entwicklung von Qualitätsstandards. Dissertation am Geographischen Institut Tübingen.
Megerle, H. (2004): Naturerlebnispfade – Stärken-Schwächen-Analyse einer neuen Pfadgeneration. Natur und Landschaft, 79 (7), S. 303–308.
Megerle, H. (2006): Konzeptionelle Möglichkeiten zur touristischen Inwertsetzung und zur methodisch-didaktischen Vermittlung von Geopotenzialen. In: Megerle, H. (Hrsg.): Geotourismus. Innovative Ansätze zur touristischen Inwertsetzung und nachhaltigen Regionalentwicklung. Geografie in Wissenschaft und Praxis, Band 1. Wissenschaftlicher Verlag Marc Oliver Kersting, Rottenburg am Neckar, S. 91–161.
Meyer-Cech, K. (2004): Themenstraßen in Österreich – Brückenschlag zwischen Regio-

nalentwicklung und Tourismus. In: Weber, G. (Hrsg.): Touristische Themenstraßen. Überholspur oder Holzweg für Regionen? Eigenverlag des Institutes für Raumplanung und Ländliche Neuordnung an der Universität für Bodenkultur Wien, S. 11–28.

Michor, K. (2002): Virgen: Alter Kulturraum – neue Wege. Integra 3, S. 26–28.

Muhar, A., Arnberger, A., Brandenburg, C. (2002): Methods for visitor monitoring in recreational and protected Areas: An overview. In: Arnberger, A., Brandenburg, C., Muhar, A. (Eds.): Monitoring and Management of Visitor Flows in Recreational and Protected Areas. Conference Proceedings, Universität für Bodenkultur Wien, S. 1–6.

Nutz, M. (2006): Lehr-, Lern- und Erlebnispfade zur Umweltbildung. Natur erkennen, erleben, erhalten. Hochschulpraxis – Erziehungswissenschaft, Band 6. Krämer Verlag, Hamburg.

Opaschowski, H. W. (2002): Tourismus: Eine systematische Einführung; Analysen und Prognosen. Opladen: Leske + Budrich.

Parz-Gollner, R. (1987): Naturlehrpfade in Österreich. Grüne Reihe des Bundesministeriums für Umwelt, Jugend und Familie, Band 7, Wien.

Pennwieser, J. (1998): Der Lehrpfad in seiner Funktion als Umweltbildungseinrichtung im Nationalpark Hohe Tauern Tirol. Diplomarbeit an der Universität für Bodenkultur Wien.

Pine, B. J., Gilmore, J.H. (1999): The experience economy. Harvard Business School Press, Boston.

Rauhala, J., Erkkonen, J., Iisalo, H. (2002): Standardisation of visitor counting – Experiences from Finland. In: Arnberger, A., Brandenburg, C., Muhar, A. (eds.): Monitoring and Management of Visitor Flows in Recreational and Protected Areas. Conference Proceedings, Universität für Bodenkultur Wien, S. 258–263.

Roggenbuck, J.W., Williams, D.R., Watson, A.E. (1993): Defining acceptable conditions in wilderness. Environmental Management, 17, S. 187–197.

Romeiss-Stracke, F. (1983): Die möblierte Landschaft. Natur, 6, S. 40–46.

Scheurer, R. (2003): Erlebnis-Setting – Touristische Angebotsgestaltung in der Erlebnisökonomie. Berner Studien zu Freizeit und Tourismus, Heft 43.

Schröder, A. (2006): Postmoderne Unübersichtlichkeit der Freizeit- und Lebensstile. Versuch einer Einordnung in die umgebenden Rahmenbedingungen sowie Implikationen für den zukünftigen Tourismus. In: Reuber, P., Schnell, P. (Hrsg.): Postmoderne Freizeitstile und Freizeiträume. Schriften zu Tourismus und Freizeit, Band 5. Erich Schmidt Verlag, Berlin, S. 107–117.

Siegrist, D. (2003): Tourismusmanagement in Schutzgebietsregionen. Anthos, 3, S. 36–40.

Siegrist, D., Stuppäck, S., Mosler, H.-J., Tobias, R. (2002): Naturnaher Tourismus in der Schweiz – Angebot, Nachfrage und Erfolgsfaktoren. Im Auftrag des Staatssekretariats für Wirtschaft Seco. Forschungsstelle für Freizeit, Tourismus und Landschaft. Hochschule für Technik Rapperswil & Abteilung Sozialpsychologie I Universität Zürich.

Siekierski, E. (2003): Evaluation. In: Wohlers, L. (Hrsg.): Methoden informeller Umweltbildung. Peter Lang, Frankfurt am Main, S. 143–165.

Steinle, A. (2003): Speed-Wellness. Professionelles Entspannen als Erfolgsgarant. In: Steinle, A. (Hrsg.): Trend 2004 – Arbeit, Freizeit, Eigenzeit. Piper Verlag, München, S. 145–166.

Sterl, P., Eder, R., Lampl, R., Pröbstl, U. (2006): GPS und Umweltbildung – Neue Technologien in der Umweltbildung. In: Pröbstl, U., Arnberger, A., Eder, R., Wirth, V. (Hrsg.): Umweltbildung für Jugendliche – cool oder mega-out? Tagungsband, 27.11.2006, Universität für Bodenkultur Wien, S. 14–15.

Stichmann, W. (1981): Medien im Gelände. Didaktische Kriterien zur Klassifizierung und zur pädagogischen Beurteilung von Lehrpfaden in Natur- und Nationalparks. In: Bayerisches Staatsministerium für Ernährung, Landwirtschaft und Forsten (Hrsg.): 4. Tagungsbericht: Naturerleben. Schriftenreihe des Bayerischen Staatsministeriums für Ernährung, Landwirtschaft und Forsten, Grafenau, S. 112–120.

Szekeres, P. (2003): Lehrpfade. In: Wohlers, L. (Hrsg.): Methoden informeller Umweltbildung. Peter Lang, Frankfurt am Main, S. 99–114.

Thonhauser, J., Patry, J. L. (1999): Nicht gegen, sondern für gute Evaluation. In: Thonhauser, J., Patry, J. L. (Hrsg.): Evaluation im Bildungsbereich. StudienVerlag, Innsbruck-Wien, S. 13–31.

TIES (2005): Ecotourism Fact Sheet. The International Ecotourism Society. http://206.161.82.194/WebModules/WebArticlesNet/articlefiles/15-NEW%20Ecotourism%20Factsheet%20Sept%2005.pdf. [gesehen am 31.01.2007].

Trommer, G., Stelzig, I. (2000): Naturbildung und Naturakzeptanz. Frankfurter Beiträge zur biologischen Bildung 2. Shaker Verlag, Aachen.

Veverka, J.A. (1994): Interpretive Master Planning: The essential planning guide for interpretive centers, parks, self-guided trails, historic sites, zoos, exhibits and programs. Acorn Naturalists, California.

Virden, R.J., Schreyer, R. (1988): Recreation specialization as an indicator of environmental preference. Environment and Behavior, 20 (6), S. 721–739.

Ward Thompson, C., Aspinall, P., Bell, S., Findlay, C. (2005): "It gets you away from everyday life": Local woodlands and community use – What makes a difference? Landscape Research, 30 (1), S. 109–146.

Weaver, D. B. (Hrsg.) (2001): The encyclopedia of ecotourism. CABI Publishing, Wallingford.

Weichbold, M., Gutternig, M. (2004): Erlebnis Natur? Nationalparkmarketing zwischen Ästhetik und Erleben. In: Kagelmann, H.J., Bachleitner, R., Rieder, M. (Hrsg.): Erlebniswelten – Zum Erlebnisboom in der Postmoderne. Profil Verlag, München, Wien, S. 124–134.

Weiß, G. (2005): Wipfelstürmer II. Forstzeitung, 11, S. 45.

Weldt, D. (1965): Der Naturpfad – Anregungen und Vorschläge zum Bau eines Naturpfades. In: „Waldjugenddienst", Pädagogische Vierteljahresschrift für Schule und Jugendführer, Folge 1–3, Mainz.

Weyer, M. (1998): Ausstellungen zur Umweltbildung, ein Forschungsprojekt des Umweltbundesamtes. In: Scher, M.A. (Hrsg.): (Umwelt-)Ausstellungen und ihre Wirkung. Schriftenreihe des Staatlichen Museums für Naturkunde und Vorgeschichte, Heft 7, Isensee Verlag, Oldenburg, S. 57–67.

Wiener, M. (2003): Entwicklung einer Evaluationsmethode für Schilderpfade am Beispiel ausgewählter Naturlehrpfade im Naturpark Grebenzen. Diplomarbeit an der Universität für Bodenkultur Wien.

Wohlers, L. (2001): Informelle Umweltbildung am Beispiel der deutschen Nationalparke. Berichte aus der Umweltwissenschaft. Shaker Verlag, Aachen.

Wohlers, L. (2003): Texte. In: Wohlers, L. (Hrsg.): Methoden informeller Umweltbildung. Peter Lang, Frankfurt am Main, S. 85–97.

Wottawa, H., Thierau, H. (1998): Lehrbuch Evaluation. Huber, Bern.

Zimmerli, E. (1980): Freilandlabor Natur – Schulreservat, Schulweiher, Naturlehrpfad. 4. Auflage, Verlag WWF Zürich, Zürich.

11.2 Tabellenverzeichnis

11.3 Abbildungsverzeichnis

11.4 Fotonachweis

Alle Fotos, die im Folgenden nicht explizit angeführt werden, stammen vom Institut für Landschaftsentwicklung, Erholungs- und Naturschutzplanung der Universität für Bodenkultur Wien.

Folgende Fotos wurden dankenswerterweise zur Verfügung gestellt:
Fotos 3.3, 3.6 von DI Alexander Mrkvicka von der Magistratsabteilung 49 der Stadt Wien.
Fotos 2.1, 2.3, 6.41, 7.19, 7.23, 7.26, 8.6, 8.7 von DI Sonja Brothanek und DI Manuela Nowacek
Foto 1.8 von DI Stefan Hauk.
Fotos 7.3, 8.2, 10.3 von Joel Erkkonen.
Fotos 6.30, 7.5, 8.9 von Markus Hagler.

Sachregister